海洋国土空间规划与治理

——国外实践与国内启示

郭雨晨　张一帆　等 编著

海洋出版社

2024年·北京

图书在版编目（CIP）数据

海洋国土空间规划与治理：国外实践与国内启示/
郭雨晨等编著. -- 北京：海洋出版社，2024. 12.

978-7-5210-1421-1

Ⅰ. P7

中国国家版本馆 CIP 数据核字第 2025NP9801 号

策划编辑：刘　玥

责任编辑：刘　玥

责任印制：安　淼

海洋出版社　　出版发行

http：//www.oceanpress.com.cn

北京市海淀区大慧寺路 8 号　　邮编：100081

涿州市般润文化传播有限公司印刷　新华书店经销

2024 年 12 月第 1 版　　2024 年 12 月北京第 1 次印刷

开本：787mm×1092mm　1/16　印张：18.5

字数：326 千字　定价：128.00 元

发行部：010-62100090　总编室：010-62100034

海洋版图书印、装错误可随时退换

海洋国土空间规划与治理

——国外实践与国内启示

编 委 会

主 编：郭雨晨　张一帆

委 员：何佳惠　张昊丹　孙华烨
　　　　辛 菲　曹深西　曲林静

前言

　　海洋空间治理既是国土空间治理的重要组成部分，也是实施海洋强国战略的主战场。海洋空间治理体系包括发展战略、相关法律政策与技术支撑、空间规划（区划），以及各类涉及空间与资源配置的制度工具等。其中，空间规划不仅是空间治理战略、政策执行的落脚点，同时也是引导、决定空间布局和管理具体保护修复、开发利用活动的指南，是空间发展和空间治理的基础性工具。近年来，伴随着生态文明建设与陆海统筹战略的落实与深化、规划体系"多规合一"的改革、海洋管理制度的不断健全完善，我国海洋治理正在向系统化、绿色化、精细化、高效化发展快速迈进。

　　世界各国海洋规划与空间治理体系的构成、特征与实施效果，大多与其地理区位、政治经济法律体制、社会发展阶段、历史文化传统、价值导向等因素密切相关。受这些因素影响形成的"个性化"内容与我国的现实情况、治理目标和规划需求等不相适应，实施基于生态系统的海洋管理、通过规划缓解海洋保护利用空间需求的矛盾、维护国家海洋权益等所采用的方法、技术等"共性化"内容，值得我们探究和思考，以

1

达到"他山之石可以攻玉"的效果。

关于典型国外海洋空间治理与规划，国内现有的研究成果相对较少且不集中，难以系统回答海洋治理体系与规划层级如何构建、怎样进行层级传导、规划的范围与深度、规划编制的目的与重点、配套何种管理机制、规划实施的途径与效果、经验教训如何等问题。因此，本书的国外研究部分，选取了澳大利亚、美国、德国与英国针对上述问题开展研究，并对国际海洋合作的新形势——跨界海洋空间规划进行了专章介绍。国内研究部分梳理了以规划体系和用海管理制度为主的海洋治理的历程与现状，总结了新时期我国国土空间规划体系建立后海洋规划与治理面临的机遇与挑战，以及对其未来发展方向的展望，旨在抛砖引玉、引起专家学者对此领域的更多关注，同时也为海洋规划、海洋管理、学术研究等方面的工作提供参考。

目录 Content

第一章

我国海洋空间治理体系概述

第一节 国土空间治理理念及理论基础

一、国土空间治理概念及体系构成

根据全球治理委员会于 1995 年发布的《我们的全球伙伴关系》报告对治理的权威性定义及阐述，治理是一个目的在于协调利益冲突，采取共同行动的持续性过程；治理既涉及公共部门，也涉及私人部门；既包括正式的制度，也包括非正式的安排。[①] "治理" 的概念相对于 "统治" 出现。学者俞可平认为：与 "统治" 相比，"治理"的主体具有多元化特征，治理可以具有强制性但更多是协商性；治理的权威来源除了法律之外，还有各种非国家强制的契约；治理的权力运行可以自下而上，也可以平行进行；治理所及的范围是公共领域，

---

① Commission on Global Governance, Our Global Neighbourhood, 1995. Information source：http://www.gdrc.org/u-gov/global-neighbourhood/chap1.htm, last visit：2020/10/23.

比政府权力的边界更广。①

　　空间治理则是国家治理面向国土空间范围的部分，涉及政府、市场、公众等多元主体共同参与，以空间资源分配为核心，通过资源配置协调社会发展单元的不同利益诉求，旨在实现国土空间有效、公平和可持续利用，以及各地区间相对均衡的发展。② 国土空间治理的客体即为国土空间，是国家主权与主权权利管辖下的所有陆域和海域。国土空间是自然资源和建设活动的载体，占据一定的国土空间是自然资源存在和开发建设活动开展的物质基础。③ 国土空间治理即是对国土空间资源利用、保护、调配等综合部署的活动。④

　　国土空间治理的目标，从宏观层面来说是为了实现国土空间有效、公平和可持续利用，以及各地区间相对均衡的发展。具体来说，应包括增强空间开发效率（特别是培育和加强全球竞争力）、保持空间开发的均衡性（维护社会公平与和谐）和加强国土空间的安全性（加强生态安全、资源保障和地缘稳定）三个维度。⑤ 综上所述，本书认为：国土空间治理是以政府为主导的多元主体，通过对国土空间资源综合部署，统筹考虑区域协调与利益协调，旨在实现国土空间资源可持续发展的过程。从宏观到具体，国土空间治理体系包括国土空

---

　　① 俞可平 . 中国的治理改革（1978—2018）[J] . 武汉大学学报（哲学社会科学版），2018，71（3）：49.

　　② 刘卫东 . 经济地理学与空间治理 [J] . 地理学报，2014，69（8）：1110；孟鹏，王庆日，郎海鸥，等 . 空间治理现代化下中国国土空间规划面临的挑战与改革导向——基于国土空间治理重点问题系列研讨的思考 [J] . 中国土地科学，2019，33（11）：8-14.

　　③ 林坚，吴宇翔，吴佳雨，等 . 论空间规划体系的构建——兼析空间规划、国土空间用途管制与自然资源监管的关系 [J] . 城市规划，2018，42（5）：11.

　　④ 战强，赵要伟，刘学，等 . 空间治理视角下国土空间规划编制的认识与思考 [J] . 规划师，2020，36（S2）：5-10.

　　⑤ 刘卫东 . 经济地理学与空间治理 [J] . 地理学报，2014，69（8）：1112.

间战略，国土空间相关法规、政策、技术支撑，空间规划（区划）以及各类涉及空间与资源配置的制度工具等。

国土空间战略是一定时期国家对国土空间保护发展的顶层设计与宏观指引。国土空间相关法规和政策是对空间保护利用方向的指引与底线把控。空间规划（区划）是对空间保护利用布局和强度的安排与要求。制度工具则是落实空间布局与要求的控制性手段。其中，空间规划既是空间治理战略和政策执行的落脚点，也是决定与引导空间布局和管理具体保护、开发、利用、修复活动的指南。国土空间规划是对国土空间的保护、开发、利用、修复作出的总体部署与统筹安排，[①]是国家空间治理的行为；是空间治理运行机制的外在表现；是空间发展和空间治理的战略性、基础性和制度性工具。[②] 鉴于国土空间规划体系对国土空间治理的重要性，一些学者认为，近年来我国机构调整与规划体系改革是国家对之前经济社会快速发展过程中出现的空间管理秩序问题进行重新调整与解决，从国土空间治理的高度来把握空间规划体系的重构，并将其作为国家治理的一大重要任务。[③]

二、新时期空间规划理论基础

规划理论体系的发展，是由最初的实质性理论与程序性理论的生硬二元切割，发展至实质性理论与程序性理论相互互动并在空间上嵌

---

① 《省级国土空间规划编制指南》，第17页。

② 庄少勤.新时代的空间规划逻辑［J］.中国土地，2019（1）：5；郝庆.对机构改革背景下空间规划体系构建的思考［J］.地理研究，2018，37（10）：1938-1946；吴志强.国土空间规划的五个哲学问题［J］.城市规划学刊，2020（6）：7-10.

③ 城市规划学刊编辑部.国土空间规划体系改革背景下规划编制的思考学术笔谈［J］.城市规划学刊，2019（5）：1-13.

入价值维度以及制度环境与资源配置机制的一个不断完善与重构的过程。①因此，规划理论随时代变化而演变，不存在终极的"范本"理论。② 2013 年 11 月，党的十八届三中全会通过的《中共中央关于全面深化改革若干重大问题的决定》首次提出"推进国家治理体系和治理能力现代化"的改革目标。国土空间治理是推进国家治理体系和治理能力现代化的关键环节。③ 2015 年，中共中央、国务院印发《生态文明体制改革总体方案》，其中明确了生态文明体制改革的目标，即"到 2020 年，构建起由自然资源资产产权制度、国土空间开发保护制度、空间规划体系、资源总量管理和全面节约制度、资源有偿使用和生态补偿制度、环境治理体系、环境治理和生态保护市场体系、生态文明绩效评价考核和责任追究制度等八项制度构成的产权清晰、多元参与、激励约束并重、系统完整的生态文明制度体系，推进生态文明领域国家治理体系和治理能力现代化，努力走向社会主义生态文明新时代"。其中，"构建以空间规划为基础、以用途管制为主要手段的国土空间开发保护制度，着力解决因无序开发、过度开发、分散开发导致的优质耕地和生态空间占用过多、生态破坏、环境污染等问题。构建以空间治理和空间结构优化为主要内容，全国统一、相互衔接、分级管理的空间规划体系，着力解决空间性规划重叠冲突、部门职责交叉重复、地方规划朝令夕改等问题"。

---

① 曹康，张庭伟. 规划理论及 1978 年以来中国规划理论的进展 [J]. 城市规划，2019，43（11）：61-80；李强，肖劲松，杨开忠. 论生态文明时代国土空间规划理论体系 [J]. 城市发展研究，2021，28（6）：41-49.

② 曹康，张庭伟. 规划理论及 1978 年以来中国规划理论的进展 [J]. 城市规划，2019，43（11）：61-80.

③ 自然资源部，林坚：建设自然资源调查监测体系推进国家治理能力现代化，https://www.mnr.gov.cn/gk/zcjd/202011/t20201104_2581811.html. 最后访问：2022 年 10 月 27 日。

在生态文明建设的大时代背景下，国土作为生态文明建设的空间载体，国土空间规划理论、方法和实践，要顺应新时代发展的要求而优化。① 许多专家学者以习近平生态文明思想为指导，对国土空间治理及发展的目标与内涵进行了阐释。庄少勤认为，习近平总书记提出的关于生态文明建设六大原则，体现了"五位一体"总体布局和新发展理念的深刻内涵，具有很强的针对性："坚持人与自然和谐共生"是总体原则；"绿水青山就是金山银山"强调发展理念和发展方式变革；"良好生态环境是最普惠的民生福祉"强调空间发展和治理的宗旨；"山水林田湖草是生命共同体"强调生态的系统思维；"用最严格制度最严密法治保护生态环境"强调治理制度的底线约束；"共谋全球生态文明建设"强调命运共同体的生态文化特征。② 这六大原则对建立中国特色的空间治理理论、方法有重要指导意义，是新时代生态文明建设和空间治理的基本遵循。③

从规划理论的发展来看，实质性理论、程序性理论、价值维度以及制度环境与资源配置机制是目前公认的较为完整的理论体系。其中尤其是价值维度的作用，决定了不同发展阶段的特定时期规划实践所发展的方向。在现阶段我国生态文明建设的大时代背景下，作为国土空间开发保护制度的重要载体，空间规划体系必须服务于生态文明建设目标，以此为根本指引空间治理和空间结构优化调整。习近平总书记提出的生态文明建设六大原则及其内涵便是现阶段我国空间治理理念、方法形成与实践的根本指导。

我国国土空间既囊括960万平方千米的陆域，也包含约300万平

---

① 庄少勤. 新时代的空间规划逻辑［J］. 中国土地，2019（1）：4.

② 同①。

③ 同①。

方千米的主张管辖海域。海洋空间治理既是国土空间治理的重要组成，也是建设海洋强国战略举措的主战场。本书主要讨论的海洋空间既包括我国主权所辖的内水、领海范围，也包含我国所主张的专属经济区与大陆架主权权利管辖下的海域。

海洋空间治理包括战略、政策、法律、技术标准、规划、制度等方面内容。其中，海洋战略与宏观政策是总体海洋事务发展的引领，政策是具象化的制度保障，规划是执行战略、政策的抓手，也是引导空间布局与具体保护利用活动的依据，而法律与技术标准则对上述内容起到支撑保障作用，强化制度、政策、规划的权威性。上述几个方面相互联系、环环相扣、共同作用、缺一不可。下一节内容主要介绍我国海洋空间治理战略层面与规划层面的内容，具体制度与法律支撑的内容将在第三节进行梳理。

第二节　我国海洋空间治理战略与规划体系

一、战略层面

2003 年，《全国海洋经济发展规划纲要》在海洋经济发展的总体目标中提出要"逐步把我国建设成为海洋强国"。2011 年，《中华人民共和国国民经济和社会发展第十二个五年规划纲要》中明确规定"坚持陆海统筹，制定和实施海洋发展战略，提高海洋开发、控制、综合管理能力"。2012 年，党的十八大报告中提出"提高海洋资源开发能力，发展海洋经济，保护海洋生态环境，坚决维护国家海洋权益，建设海洋强国"，为我国海洋事业发展确定了战略目标。

2013 年，习近平总书记在中共中央政治局第八次集体学习时强调"进一步关心海洋、认识海洋、经略海洋，推动我国海洋强国建设不断取得新成就""坚持陆海统筹，坚持走依海富国、以海强国、人海和谐、合作共赢的发展道路，通过和平、发展、合作、共赢方式，扎实推进海洋强国建设"。党的十八届中央委员会第三次全体会议通过的《中共中央关于全面深化改革若干重大问题的决定》也进一步明确，要建立陆海统筹的生态系统保护修复和污染防治区域联动机制。2017 年，习近平总书记在党的十九大报告中进一步强调了要坚持陆海统筹，加快建设海洋强国。

自党的十八大首次明确提出"建设海洋强国"以来，国家就将海洋战略规划置于党和国家工作大局的重要位置，建设海洋强国已成为中国特色社会主义事业的重要组成部分。[①] 中国特色海洋强国的内涵包括认知海洋、利用海洋、生态海洋、管控海洋以及和谐海洋五个方面。深入了解海洋能够为海洋强国提供坚实的科学依据，科学合理地开发利用海洋是实现海洋资源环境永续发展的必然要求，推进海洋生态文明建设是我国生态文明建设的重要组成部分，综合管控海洋是建设海洋强国的重要保障，而建设和谐海洋是为了维护海洋的持久和平与安全。[②]

陆海统筹是建设中国特色海洋强国的核心要义，其本质是将陆地和海洋视为一个整体。《中共中央　国务院关于建立国土空间规划体系并监督实施的若干意见》（中发〔2019〕18 号）明确提出要坚持陆海统筹，优化国土空间结构和布局。陆海统筹理念是指导我国新的国土空间规划体系的重要理念，加强陆海空间统筹研究也是国土空间规划的重要工作。

---

① 张俏. 习近平海洋思想研究 [D]. 大连海事大学博士学位论文，2016.

② 刘赐贵. 关于建设海洋强国的若干思考 [J]. 海洋开发与管理，2012，29（12）：8-10.

目前，我国海洋发展战略内涵逐渐完善，已涵盖海洋资源开发、海洋经济发展、海洋生态环境保护、海洋科学技术发展与海洋权益维护等多个方面，为我国的海洋管理与海洋事业发展指明了方向①。在"坚持陆海统筹，加快建设海洋强国"的战略指导下，我国大力推动海陆空间布局优化以及国土资源的合理开发。新的国土空间规划体系作为我国海洋治理的重要手段，致力于实现"海陆一张图"，有效地推进了我国陆地与海洋空间的协同发展，促进了陆海统筹一体化管理。

在陆海统筹和海洋强国战略的引领下，我国海洋顶层设计，目前在很大程度上由国民经济和社会发展五年规划为代表的发展型规划完成。《中华人民共和国国民经济和社会发展第十四个五年规划和2035年远景目标纲要》（以下简称《"十四五"规划纲要》）提出了近期我国海洋发展的宏观纲领性要求，"坚持陆海统筹、人海和谐、合作共赢，协同推进海洋生态保护、海洋经济发展和海洋权益维护，加快建设海洋强国。"《"十四五"规划纲要》还提出建设现代海洋产业体系、打造可持续海洋生态环境、深度参与全球海洋治理的相关要求，体现了我国目前及未来一定阶段对海洋的现实需求与战略导向。《"十四五"规划纲要》也指出"强化国土空间规划和用途管控，划定落实生态保护红线、永久基本农田、城镇开发边界以及各类海域保护线""探索建立沿海、流域、海域协同一体的综合治理体系。严格围填海管控，加强海岸带综合管理与滨海湿地保护""完善海岸线保护、海域和无居民海岛有偿使用制度，探索海岸建筑退缩线制度和海洋生态环境损害赔偿制度，自然岸线

① 崔旺来.论习近平海洋思想［J］.浙江海洋学院学报（人文科学版），2015，32（1）：1-5；贾宇.关于海洋强国战略的思考［J］.太平洋学报，2018，26（1）：1-8.

保有率不低于 35%"。对于涉海制度完善、海洋生态环境保护提出了具体要求。除了国民经济和社会发展规划，全国自然资源保护和利用规划、海洋经济发展规划、海洋生态环境保护规划、可再生能源发展规划、综合交通运输发展规划等规划的涉海内容，也为海洋开发利用保护提供宏观战略指引。

二、空间规划层面

2019 年，我国国土空间规划体系改革前，涉海空间类规划（制度）主要包括各级海洋功能区划、各级海洋主体功能区规划、各级海岛保护规划、海洋生态红线、部分省（市）开展的海岸带综合保护与利用规划以及其他涉海行业规划。

（一）空间规划改革前

1. 海洋功能区划

海洋功能区划是由《中华人民共和国海域使用管理法》（以下简称《海域使用管理法》）和《中华人民共和国海洋环境保护法》（以下简称《海洋环境保护法》）共同确立的我国海洋管理的一项基本制度。作为我国创造性提出的一种海洋空间规划方法，海洋功能区划通过设定各个特定海域的基本功能和环境保护要求，对用海需求、海洋开发利用布局进行指引，为海域使用管理、海洋环境保护以及各级海洋开发战略和涉海行业规划提供基础性和约束性依据。[①]

截至空间规划体系改革前，我国共开展了三轮全国性海洋功能区

---

① 何广顺，杨健. 海洋功能区划研究与实践——天津市海洋功能区划编制［M］. 北京：海洋出版社，2013：3.

划工作。1989—1995 年，我国开展了第一轮小比例尺海洋功能区划工作。1998 年，国家海洋局启动了第二轮全国海洋功能区划（大比例尺）编制工作，开始建立国家、省、市、县四级海洋功能区划体系。① 2002 年《海域使用管理法》正式施行，海洋功能区划制度的法律地位由此确立。同年，《全国海洋功能区划》由国务院正式批准并发布。2009 年，我国启动了第三轮海洋功能区划编制工作。在总结上一轮海洋功能区划优势与不足的基础上，第三轮海洋功能区划确定了"以维护海域基本功能为核心思想，以海域用途管制为表现，以功能区管理要求为执行依据的海洋功能区划体系"，并将原四级区划层级简化为国家、省和市县三级。② 2012 年《全国海洋功能区划（2011—2020 年）》正式发布实施，区划范围为我国的内水、领海、毗连区、专属经济区、大陆架以及管辖的其他海域。

海洋功能区划制度的确立与实施对我国过去 20 多年海洋资源、空间有序开发利用，协调用海矛盾，规范海域使用秩序，海洋生态环境保护及海洋经济的可持续发展起到了极为重要的促进作用，③ 使我国实现了对海洋开发利用活动的有效控制和管理，④ 是空间规划改革前我国海域规划与管理的基础型制度。

---

① 何广顺，杨健．海洋功能区划研究与实践——天津市海洋功能区划编制［M］．北京：海洋出版社，2013：1.

② 同①，2-3。

③ 岳奇，徐伟，李亚宁，等．国土空间视角下的海洋功能区划融入"多规合一"［J］．海洋开发与管理，2019，36（6）：3-6.

④ 徐伟，刘淑芬，张静怡，等．全国海洋功能区划实施评价研究［J］．海洋环境科学，2014，33（3）：466-471；黄沛，丰爱平，赵锦霞，等．海洋功能区划实施评价方法研究［J］．海洋开发与管理，2013，30（4）：26-29.

2. 海洋主体功能区规划

海洋主体功能区是指根据海洋资源环境承载力、开发强度和开发潜力，从科学开发的角度，统筹考虑海域资源环境、海域开发利用程度、海洋经济发展水平、依托陆域的经济实力和城镇化格局、海洋科技支撑能力以及国家战略的牵引力等要素，所划定的不同主导功能定位的海域。按照开发方式划分，海洋主体功能区分为海洋优化开发区域、海洋重点开发区域、海洋限制开发区域和海洋禁止开发区域。[①]我国海洋主体功能区规划的范围包括内水、领海、专属经济区、大陆架及其他管辖海域（不包括港澳台地区）。

2015 年，国务院印发了《全国海洋主体功能区规划》。该规划分为规划背景、总体要求、内水和领海主体功能区、专属经济区和大陆架及其他管辖海域主体功能区和保障措施五个部分。根据到 2020 年主体功能区布局基本形成的总体要求，规划的主要目标为海洋空间利用格局清晰合理、海洋空间利用效率提高以及海洋可持续发展能力提升。

海洋主体功能区规划是推进形成海洋主体功能区布局的基本依据，也是海洋空间开发的基础性和约束性规划。海洋主体功能区规划主要针对某一具体海域，并侧重于经济开发属性的规划安排，具有区域性和微观性[②]。与海洋功能区划相比，海洋主体功能区规划是一种较新的制度，由于制度建立及实施期限较短，与已建立的其他涉海区划、规划和用途管制制度的关系还未完全理顺和衔接，相较于陆域的

---

① 海洋主体功能区区划技术规程（HY/T 146—2011）。

② 陈梅，周连义，赵月. 海洋生态空间用途管制法律问题研究综述［J］. 海洋开发与管理，2022，39（5）：64-73.

11

主体功能区规划，其统筹海域资源环境、海域开发利用程度、海洋经济发展水平以及陆海统筹的预期作用还未有效发挥。

3. 海洋生态红线

2011 年，《国务院关于加强环境保护重点工作的意见》首次提出划定生态红线的要求。2012 年，国家海洋局印发《关于建立渤海海洋生态红线制度的若干意见》，文件中指出要将渤海海洋保护区、重要滨海湿地、重要河口、特殊保护海岛和沙源保护海域、重要砂质岸线、自然景观与文化历史遗迹、重要旅游区和重要渔业海域等区域划定为海洋生态红线区，并进一步细分为禁止开发区和限制开发区，依据生态特点和管理需求，分区分类制定红线管控措施，海洋生态红线制度试点工作就此开始。2016 年，修订后的《海洋环境保护法》正式将海洋生态保护红线制度的内容纳入其中，海洋生态红线制度在法律层面正式得到确立。

海洋生态红线制度作为近年来我国海洋空间治理的新手段，有效地促进了我国海洋生态环境保护及整治修复工作的开展，维护了海洋生态健康与生态安全，在我国空间规划体系改革后仍旧扮演了生态保护底线与基石的角色。

4. 海岛保护规划

随着《中华人民共和国海岛保护法》（以下简称《海岛法》）2010 年开始施行，我国海岛保护规划制度正式确立。海岛保护规划是从事海岛保护、利用活动的主要依据。根据我国《海岛法》，海岛规划体系由全国海岛保护规划，省（自治区）域海岛保护规划，市、县、镇域海岛保护专项规划和县域海岛保护规划，以及可利用无居民海岛保护和利用规划四级规划体系组成。可利用无居民海岛保护和利用规划是无居民海岛保护利用开发的直接依据。但在实践中，主要是以全国、省域海岛保护规划与可利用无居民海岛保护和利用规划编制为主，部分沿海地市也编制了海岛保护规划。2012 年，我国发布的《全国海岛保护规划》以保护海岛及其周边海域生态系统，合理开发利用海岛资源为主要目标，对于严格保护特殊用途海岛、加强有居民海岛生态保护、适度利用无居民海岛起到了积极的推动作用。

5. 海岸带规划

空间规划体系改革前，海岸带规划只停留在地方探索编制和实施层面，仅广东省、福建省、青岛市及深圳市等部分省、市发布实施了海岸带规划。以广东省为例，2017 年 2 月，根据《国家海洋局关于同意广东省开展海岸带综合保护与利用规划编制试点工作的批复》，广东省被正式确立为全国第一个海岸带综合保护与利用规划试点省。2017 年 10 月，《广东省海岸带综合保护与利用总体规划》（以下简称"规划"）由广东省人民政府和国家海洋局联合印发，成为全国首个正式发布的省级海岸带保护与利用规划。规划构建了"一线管控、两域对接，三生协调、生态优先，多规融合、湾区发展"的海岸带保护与利用总体格局，结合广东省陆海主体功能区规划的相关要求，划定了广东省海岸带空间的海陆"三区"和"三线"，并进一步基于陆海统筹原则，将海岸带空间划分为统筹兼容的生态、生活及生产三类空间。并且根据《海岸线保护与利用管理办法》，首次将广东省海岸线划分为严格保护、限制开发和优化利用三类岸线，实施分类分段精细化管控。此外，规划还提出了自然岸线占补平衡、海岸建筑退缩线、生态产品台账等创新性海岸带管理制度。最终，通过制作广东省海岸带综合保护与利用总体规划电子图，推动多规融合，实现海岸带区域"一张图"管控，为国内其他省（市）海岸带规划的探索开展提供了广东经验。

6. 其他涉海行业规划

涉海行业规划方面，针对海洋渔业，我国定期发布渔业发展规划、远洋渔业发展规划及渔业科技发展规划来指导海洋渔业生产，还发布了沿海渔港建设规划以提高渔业防灾减灾能力，促进海洋渔业持续健康发展。其他行业发展规划中也对其涉海部分进行了指导，例如，旅游业发展规划中关于滨海旅游业发展、水运规划中关于海运、船舶装备及港口建设，以及风电发展规划中关于海上风电建设的内容等。

上述各类规划在我国国土空间规划改革前对海洋开发利用与保护都起到了较大的促进作用。但也正因规划类型过多，规划内容重叠，空间条块分割且缺乏衔接，规划职能交叉而各管理系统的运行却相对封闭，难以引导空间资源的有序开发及高效利用，存在"多规不合一"的问题。① 尤其是海洋功能区划与海洋主体功能区规划、海洋生态红线之间存在矛盾与缺乏衔接，② 也有海洋功能区划与涉海行业规划的不协调与冲突等问题。另外，海洋空间规划与陆地空间规划相割裂，陆海间的法律制度与规划缺乏有效衔接，导致海岸带地区开发利用冲突，严重影响了海岸带综合管理效率，不利于陆海统筹及协调管理的情况时有发生。③

---

① 肖军．"多规合一"与国土空间规划法的模式转变［J］．北京社会科学，2021（8）：67-76；邢文秀，等．重构空间规划体系：基本理念、总体构想与保障措施［J］．海洋开发与管理，2018，35（11）：3-9．

② 傅金龙，沈锋．海洋功能区划与主体功能区划的关系探讨［J］．海洋开发与管理，2008（8）：3-9；何彦龙，黄华梅，陈洁，等．我国生态红线体系建设过程综述［J］．生态经济，2016，32（9）：135-139；曾容，刘捷，许艳，等．海洋生态保护红线存在问题及评估调整建议［J］．海洋环境科学，2021，40（4）：576-581，590．

③ 姜忆湄，李加林，马仁锋，等．基于"多规合一"的海岸带综合管控研究［J］．中国土地科学，2018，32（2）：34-39．

（二）空间规划改革后

2019年，根据《中共中央 国务院关于建立国土空间规划体系并监督实施的若干意见》（以下简称"《若干意见》"）的发布，我国国土空间规划体系框架正式确立。我国国土空间规划体系为"五级三类四体系"构架。从规划层级来看，对应我国行政管理体系，分为国家、省、市、县、乡镇五级，不同层级规划所覆盖的空间尺度和管理深度不同；从规划类型来看，分为总体规划、专项规划与详细规划三类；从规划运行支撑机制来看，分为规划编制审批体系、实施监督体系、法规政策体系和技术标准体系。《若干意见》及自然资源部印发的《关于全面开展国土空间规划工作的通知》（自然资发〔2019〕87号），要求各地不再新编和报批主体功能区规划、土地利用总体规划、城镇体系规划、城市（镇）总体规划、海洋功能区划等。

海洋作为重要的国土空间组成部分，其规划内容也被纳入国家级以及沿海省、市、县、乡的总体规划中。并且根据《若干意见》："海岸带、自然保护地等专项规划及跨行政区域或流域的国土空间规划，由所在区域或上一级自然资源主管部门牵头组织编制，报同级政府审批。"因此，海岸带规划成为目前国土空间规划体系下唯一明确的区域性综合涉海专项规划。[①]

自然资源部办公厅2021年7月印发《关于开展省级海岸带综合保护与利用规划编制工作的通知》（自然资办发〔2021〕50号）与《省级海岸带综合保护与利用规划编制指南》（以下简称"《编制指南》"），省级海岸带综合保护与利用规划编制工作正式提上议事日程。全国海岸带规划编制的工作也在开展中。《编制指南》提出"省级海岸带规划是对全国海岸带规划的落实，是对省级国土空间总体规划的补充与细化，在国

---

① 此处所指"区域性综合涉海专项规划"是为与行业专项规划相区分。

土空间总体规划确定的主体功能定位以及规划分区基础上，统筹安排海岸带保护与开发活动，有效传导到下位总体规划和详细规划"，明确了海岸带规划的定位与作用。因此，海岸带规划不仅是落实"多规合一""陆海统筹"要求的关键措施，还是总体规划在海岸带区域具体的落实、深化与补充，同时也是衔接总体规划和详细规划的重要环节。

第三节　我国海洋空间治理制度与依据梳理

一、海岸线

2017 年以前，由于国家层面海岸线保护与利用法律政策及规划的空白，我国海岸线保护利用状况与管理存在诸多问题，严重影响了我国海岸线保护与可持续利用。这些问题主要表现为：重开发、轻保护，岸线人工化、工业化、私属化、污染化问题严重；岸线质量和生态功能下降，岸线利用效益不高；岸线调查数据分辨率低，缺乏周期性更新和数据库构建；海洋灾害的预警和应急响应能力不足；缺乏相应的规划体系引导，存在管理部门职责不清，管理交叉等问题。[①]

2017 年，《海岸线保护与利用管理办法》（以下简称"《办法》"）由国家海洋局正式印发。根据《办法》，国家对海岸线实施分类保护与利用制度。根据海岸线自然资源条件和开发程度，分为严格保护、限制开发和优化利用 3 个类别，并且建立自然岸线保有率控制制度。《办法》还明确了岸线整治修复制度，要求制定岸线整治修复规划和计划，建立海

---

① 刘百桥，孟伟庆，赵建华，等．中国大陆 1990—2013 年海岸线资源开发利用特征变化 [J] ．自然资源学报，2015，30（12）：2033-2044；王江涛．城市化和工业化冲击下海岸线管控战略研究 [J] ．中国软科学，2014（3）：10-15.

岸线整治修复项目库；完善整治修复投入机制，中央海岛和海域保护专项资金支持开展海岸线整治修复，并积极引入社会资本参与。另外，《海洋环境保护法》《中华人民共和国防治海岸工程建设项目污染损害海洋环境管理条例》从海岸工程建设项目环境要求的角度，提出了相应要求。

尽管海岸线管理的基本制度框架已经构建，然而在实践中仍然存在一些问题：包括地方管理者和用海者对海岸线自然资源资产价值总体认识不足；海岸线资源缺乏系统科学的价值评估方法和生态补偿机制；缺乏规划管控统筹协调；整治修复与开发利用存在矛盾；海岸线修复标准衔接不足；地方经费保障不足；考核督查等管理机制不健全；岸线精细化管控信息化水平建设方面还有待加强等。①

针对上述部分问题，广东省率先开展了包括建立岸线价值评估和岸线占补制度等进一步精细化海岸线管控的探索。2017 年 10 月，《广东省人民政府办公厅关于推动我省海域和无居民海岛使用"放管服"改革工作的意见》提出，在广东省海域内申请用海涉及占用海岸线的项目，必须落实海岸线占补；同时提出探索推行海岸线有偿使用制度。2020 年，《海岸线价值评估技术规范》（DB44/T 2255—2020）由广东省市场监督管理局颁布实施，作为广东省海岸线使用占补制度的重要配套文件，探索通过海岸线指标交易推动海岸线生态修复，有利于完善海岸线有偿使用制度，促进自然资源的高质量供给。2021 年 7 月，经广东省人民政府同意，广东省自然资源厅印发了《海岸线占补实施办法（试行）》。该实施办法提出，项目建设占用海岸线导致岸线原有形态或生态功能发生变化，要进行岸线整治修复，形成生态恢复岸线，实现岸线占用与修复

---

① 张晓浩，吴玲玲，黄华梅. 广东省海岸线整治修复的成效、问题与对策［J］. 海洋湖沼通报，2021，43（4）：140-146；林静柔，高杨. 基于精细化理念的海岸线管控思考与探讨［J］. 海洋开发与管理，2020，37（6）：60-64.

补偿相平衡。该实施办法要求：大陆自然岸线保有率低于或等于国家下达广东省管控目标的地级以上市，建设占用海岸线的，按照占用大陆自然岸线1∶1.5、占用大陆人工岸线1∶0.8的比例整治修复大陆海岸线；大陆自然岸线保有率高于国家下达广东省管控目标的地级以上市，按照占用大陆自然岸线1∶1的比例整治修复海岸线，占用大陆人工岸线按照经依法批准的生态修复方案、生态保护修复措施及实施计划开展实施海岸线生态修复工程；建设占用海岛岸线的，按照1∶1的比例整治修复海岸线，并优先修复海岛岸线。海岸线占补可采取项目就地修复占补、本地市修复占补和购买海岸线指标占补等多种方式。目前，海岸线占补试点工作正在稳步推进。

岸线占补平衡制度的实施，通过提高项目用海用岸门槛与成本，倒逼建设项目不占或少占海岸线，促进岸线资源集约节约利用，并且通过实施岸线生态修复工程，提升岸线的生态化水平，恢复岸线的生态功能，有力地维护了自然岸线保有率的刚性指标。岸线生态修复工程的开展也将进一步带动海岸整治修复工程技术的进步及相关管理制度的完善。[①] 尽管如此，岸线精细化管控的其他问题，例如，岸线管控与潮间带管控的结合，严格保护岸线保护范围的确定，海岸线资产化在占用岸线项目海域使用金缴纳中的体现，岸线效率使用评价，以及由于岸线修测造成的管理层面海陆定性发生变化等问题仍亟待解决。

二、海岸带

（一）海域空间用途管制制度

用途管制这一概念在学术界目前未达成共识。从广义上来说，海域

---

① 周晶，张一帆，曲林静，等．海岸线占补平衡制度初探［J］．海洋环境科学，2020，39（2）：230-235.

空间用途管制可以理解为由海域使用论证制度、海洋保护区、海洋生态红线制度、海域动态监视监测和海洋督察制度等具体手段组成的海域空间用途管制制度体系构成的制度,[①] 包括规划、审批和后期监管。而狭义的用途管制被理解为通过空间规划对用海行为进行管制,[②] 包括规划和以此为基础进行的行政审批。

国家政策、法律和规划技术文件所采用的用途管制概念以狭义居多。根据《中华人民共和国土地管理法》,对于土地的用途管制指"国家编制土地利用总体规划,规定土地用途,将土地分为农用地、建设用地和未利用地。严格限制农用地转为建设用地,控制建设用地总量,对耕地实行特殊保护"。《省级国土空间规划编制指南》中给国土空间用途管制定义为"以总体规划、详细规划为依据,对陆海所有国土空间的保护、开发和利用活动,按照规划确定的区域、边界、用途和使用条件等,核发行政许可、进行行政审批等"。因此,本书中所讨论的用途管制概念采用其狭义定义。

1. 海洋功能区划与国土空间规划

空间规划改革体系前,海洋功能区划作为我国海洋基本管理制度之一,是实现海洋与海岸带管理的有效手段。海洋功能区划依据海域的自然属性,结合社会经济发展的需要,划分海洋功能区对海域进行统筹管理与开发利用。[③]《海域使用管理法》第四条明确规定了"国家实行海洋功能区划制度,海域使用必须符合海洋功能区划",奠定了海域功能区划

---

① 李彦平,刘大海. 海域空间用途管制的现状、问题与完善建议 [J]. 中国土地,2020(2):22-25.

② 陈梅,周连义,赵月. 海洋生态空间用途管制法律问题研究综述 [J]. 海洋开发与管理,2022,39(5):64-73.

③ 《全国海洋功能区划(2011—2020 年)》。

作为海域用途管制的基础。海洋功能区的分区也根据用海活动的发展与需求进行调整，由 1997 年和 2006 年版《海洋功能区划技术导则》（GB/T 17108—2006）中的 10 个一级类，调整至《全国海洋功能区划（2011—2020 年）》中的 8 个一级类以及 22 个二级类。海洋功能区划制度为我国海洋空间、资源有效保护管理提供了坚实依据。但不可否认的是，任何一个制度都不可能是完美的，海洋功能区划制度本身也存在一些缺陷。

首先，从区划体系的衔接和传导来看，海洋功能区划分为国家、省及市县三级，但各层级之间缺乏有机联系及上下传导，上级区划对下级区划的传导内容与指标不够具体，缺少明确的控制手段。[①] 海洋功能区划一般尺度较大，如果缺乏比较详细的空间引导、管控要求和控制指标限制，上下级区划很难形成有效的衔接和传导，导致管理部门在实际管理过程中缺乏执行的抓手和控制手段，影响了海洋功能区划的效能。[②] 并且各级海洋功能区划的宏观与具体目标设定也较为笼统，各类功能区、保护区的发展和保护目标也缺乏与管控规则和指标形成对接。

其次，从表达方式来看，区划整体存在对海洋空间内的生态系统及用海活动的完整性展现不足的问题，有些海洋功能区设置之间缺乏衔接与缓冲。[③] 并且海洋功能区划以突出强调主导适宜功能为主，主要为二维规划，未给予海洋资源立体化利用的充足考虑，[④] 仅在区划登记表中有一些可进行其他功能使用的概述性引导，但概述性文字引导在具体用海申

---

① 狄乾斌，韩旭. 国土空间规划视角下海洋空间规划研究综述与展望 [J]. 中国海洋大学学报（社会科学版），2019 (5)：59-68.

② 杨顺良，罗美雪. 海洋功能区划编制的若干问题探讨 [J]. 海洋开发与管理，2008 (7)：12-18.

③ 虞阳，申立，武祥琦. 海洋功能区划与海域生态环境：空间关联与难局破解 [J]. 生态经济，2015，31 (3)：161-165.

④ 刘百桥. 我国海洋功能区划体系发展构想 [J]. 海洋开发与管理，2008 (7)：19-23.

请与审批实践中作用较为有限。海洋功能区划管理要求中除了满足主导功能的发挥，未对其他用海类型、用海方式、规模、可分布的位置或者不可分布的位置提出明确的管制要求，多采用"适度保障""严格限制"等字眼，尺度较难把握。

再次，从区划实施的角度来看，海洋功能区划分类体系与海域使用分类体系缺乏衔接，《海域使用分类体系》中的部分海域使用类型超出了海洋功能区划分类体系的范围，海洋功能区划与海域使用分类之间也存在不一致的问题，这为项目用海的海洋功能区划符合性分析带来不便。① 在具体项目海域使用论证过程中，由于缺乏项目用海与海洋功能区划符合性的判别标准，而论证单位多从用海企业的利益出发，在论证过程中千方百计论证用海的可行性，而且每个项目只分析本身，未通盘考虑整个功能区对兼容功能的保障规模、强度等内容，导致区划未能对项目用海起到有效的约束作用，也无法有效落实海洋功能区划实施的监管机制。

最后，从实施评估的角度来看，我国海洋功能区划实施情况评估制度的建设起步较晚，存在重编制、轻评估的问题。尽管《海洋功能区划管理规定》（国海发〔2007〕18 号）确立了海洋功能区划评估制度，但由于海洋功能区划的技术性和制度性文件滞后，支撑评估制度的技术文件仍未正式出台，② 评估实践工作也较难开展。③

2018 年，党和国家机构改革，自然资源部成立，统一行使所有国土空间用途管制职责。2019 年，《若干意见》提出将主体功能区规划、土地利用规划、城乡规划等多个空间规划融合为统一的国土空间规划，建

---

① 刘百桥. 我国海洋功能区划体系发展构想［J］. 海洋开发与管理，2008（7）：19-23.

② 实践中多参考 2015 年国家海洋技术中心编制的《海域功能区划评估技术导则（上报稿）》，用于评估全国和省级海洋功能区划实施的情况。

③ 李滨勇，王权明，黄杰，等. "多规合一"视角下海洋功能区划与土地利用总体规划的比较分析［J］. 海洋开发与管理，2019，36（1）：3-8.

立"五级三类"的空间规划体系，实现"多规合一"。新空间规划体系要求健全用途管制制度，以国土空间规划为依据，对所有国土空间分区分类实施用途管制。在城镇开发边界外的建设，按照主导用途分区，实行"详细规划+规划许可"和"约束指标+分区准入"的管制方式。《自然资源部关于全面开展国土空间规划工作的通知》也明确各地不再新编和报批主体功能区规划、土地利用总体规划、城镇体系规划、城市（镇）总体规划、海洋功能区划等。

根据《若干意见》，原各级海洋功能区划、海洋主体功能区规划、海岛保护规划的内容"三规合一"至各级国土空间总体规划的涉海部分以及各级海岸带专项规划中。对于之前已经开展了海岸带规划编制与实施工作的省份，如广东省，则需要实现"四规合一"。

2020年，自然资源部网站公布的《海域使用权设立（自然资源部审核后报国务院批准且涉及填海造地项目）审核服务指南》中明确要求项目用海需符合国土空间规划和海岸带等海洋专项规划。规划分区方面，根据《国土空间调查、规划、用途管制用地用海分类指南》，用地用海分类采用三级分类体系，共设置24个一级类、113个二级类及140个三级类。其中，用海分类分为渔业用海、工矿通信用海、交通运输用海、游憩用海、特殊用海及其他海域6个一级类和24个二级类。

2. 海洋生态红线制度

国土空间规划改革前，海洋功能区划和海洋生态红线是两种独立的制度。海洋生态红线是指依法在重要海洋生态功能区、海洋生态敏感区和海洋生态脆弱区等区域划定的边界线以及管理指标控制线，是海洋生态安全的底线。划定海洋生态红线的目的是控制海洋资源开发利用规模，保护海洋生态健康，实现人口、经济、资源、环境协调发展，维持海洋生态系统功能的完整性和连通性，其更偏重于对海域的生态保护。从

2020 年起，根据自然资源部部署，沿海省市就海洋"两空间内部一红线"（海洋生态空间和海洋开发利用空间，在海洋生态空间内划定海洋生态保护红线）进行了试划探索。划定过程中自然保护地的范围全部纳入海洋生态红线区域，海洋生态红线区域则包含在海洋生态空间的生态保护区内。据此，自然保护地、海洋生态红线与国土空间规划进行了有效地衔接，前两者成为国土空间规划指标控制的重要内容之一。

2022 年，《自然资源部、生态环境部：国家林业和草原局关于加强生态保护红线管理的通知（试行）》中明确了生态保护红线是国土空间规划中的重要管控边界，生态保护红线内自然保护地核心保护区外，禁止开发性、生产性建设活动，在符合法律法规的前提下，仅允许 10 类对生态功能不造成破坏的有限人为活动。该通知还明确了生态保护红线范围内，不涉及新增用海用岛审批的，按有关规定进行管理，无明确规定的由省级人民政府制定具体监管办法。因此，省级人民政府可以根据红线保护类型，对有限人为活动的用海方式、强度等监管要求进一步细化，落实生态红线内有效管理人为活动的要求。

3. 海域使用审批制度

本节所讨论的海域使用审批制度是指以海域使用权授予为核心的相关制度内容，包含海域使用权审批、海域使用权登记制度、海域有偿使用制度等。总的来说，目前以上制度已经形成了较为完整的海域使用审批管理框架。但每个制度本身，或多或少地都存在一些自身或与其他制度相衔接时出现的问题。

例如，在海域使用权申请审批方面，除了上文提到的海域使用审批与海洋功能区划之间衔接不足而引起的问题外，还存在一些由于法律法规不完善而造成的实际管理问题。以透水构筑物审批层级为例，《海域使用管理法》对填海、围海和不改变海域自然属性用海的审批层级进行了明确要求，对包括透水构筑物在内的"构筑物用海"却没有明确审批层级。再如，根据《海域使用管理法》第三十三条，国家实行海域有偿使用制度。海域有偿使用的主要目的是通过征收海域使用金体现海域的国家所有权价值。但目前该制度也面临一系列的实践问题，包括：海域使用金征收方式仍缺乏动态调整；对适用海域使用金减免的细则和条件不明确；海域使用金测算方式较为简单，仅考虑了海域的面积和区位等因素，未将岸线价值、项目可能引起的生态系统服务损失价值等纳入海域使用金的测算范畴。

除此之外，海域空间用途管制还面临海域使用权二级流转制度尚未完全建立①、海域使用监管制度（事中监管与拆除监管）缺乏管理依据等问题。

（二）海岛利用与保护制度

2003 年，国家海洋局颁布《无居民海岛保护与利用管理规定》，对无居民海岛的管理、生态环境保护以及合理利用进行了规定。2009 年，国家颁布《海岛保护法》，旨在保护海岛及其周边海域生态系统，合理开发利用海岛自然资源，维护国家海洋权益，促进经济社会可持续发展。该法确立了海岛保护规划、海岛权属管理、海岛有偿使用、监督检查等海岛管理相关制度。

2010 年发布的《无居民海岛使用金征收使用管理办法》，规范了使用金的征收和使用管理。2011 年，国家海洋局发布《无居民海岛保护和利用指导意见》，对海岛开发利用秩序进行了规范，并出台了《无居民海岛使用申请审批试行办法》，进一步确定了通过审批、招标、拍卖、挂牌的方式作为无居民海岛出让的基本模式。2016 年，国家海洋局发布《关

---

① 王增发.我国海域使用权流转法律制度研究［D］.大连：大连海洋大学，2022；谢阳.论我国海域使用权流转制度之完善［D］.广州：华南理工大学，2017.

于全面建立实施海洋生态红线制度的意见》，将特别保护海岛划入海洋生态红线区。同年发布的《无居民海岛开发利用审批办法》规范了无居民海岛的开发利用审查批准工作，而《不动产登记暂行条例实施细则》中也对无居民海岛使用权的登记作出了规定，将参照海域使用权登记有关规定办理。2017 年，国家海洋局发布的《关于海域、无居民海岛有偿使用的意见》，提出要建立符合无居民海岛资源价值规律的有偿使用制度。综上所述，我国对于海岛的保护利用颁布了一系列政策法规，构建了海岛保护规划体系，并通过划定海洋生态红线等方式加强了海岛生态保护。尤其在无居民海岛的有偿使用、权属管理及保护等方面发布了多项针对性的文件，促进了无居民海岛的合理开发利用，但还是存在一些由于无居民海岛使用权构成不明确，法前用岛等情形造成的利用与管理问题。

（三）其他行业制度

除上述制度外，我国还有一些涉海管理的其他制度，主要包括港口管理、海上交通管理、渔业管理以及海洋环境保护制度等。2004 年，《中华人民共和国港口法》颁布实施，通过港口规划、岸线管理以及合理布局，保证了港口资源的合理利用。之后交通部也发布了《港口规划管理规定》《港口岸线使用审批管理办法》，对港口规划工作及港口岸线的申请、审批行为进行了详细的规定。海上交通安全的管理则主要依据《中华人民共和国海上交通安全法》，该法在船舶、海上设施及船员管理、货物与旅客运输安全管理、海上搜寻救助及交通事故调查等方面建立了管理制度，为海上交通安全管理提供了法律保障。除此之外，还有由渔业捕捞证许可制度、海洋渔业资源总量管理制度、海洋渔船"双控"制度和海洋伏季休渔制度组成的海洋渔业管理制度，以及海洋倾废管理制度、重点海域排污总量控制制度的海洋生态环境保护相关制度等，共同构成了我国的涉海管理制度体系。①

三、专属经济区与大陆架

（一）《联合国海洋法公约》相关规定

经历了近 20 年的谈判协商，1982 年《联合国海洋法公约》（以下简称"《公约》"）开放签字，并于 1994 年正式生效。我国于 1996 年正式批准加入《公约》。这部被称为"海洋宪法"的国际性文件开启了全球海洋治理的新篇章。《公约》规定了包括领海、专属经济区、大陆架、国际海底属于人类共同继承财产等一系列原则、规则与制度。虽然《公约》存在不少条款模糊、缺陷甚至条文空缺等问题，但《公约》整体对于国际社会更好地认识、保护、利用海洋以及促进海洋合作起到了显著的积极作用。《公约》的相关条款也为我国在专属经济区与大陆架区域的海域利用与保护提供了依据。

根据《公约》，沿海国在专属经济区的权利包括对自然资源的主权权利以及《公约》规定的管辖权。同时，《公约》也赋予了沿海国一定的义务。并且其他国家依据《公约》在专属经济区也享有一些权利和自由。沿海国在行使其权利时，应顾及其他国家的这些权利，其他国家在行使其权利时也要顾及沿海国的权利。

1. 主权权利

根据《公约》第五十六条，沿海国在专属经济区内有"以勘探和开发、养护和管理海床上覆水域和海床及其底土的自然资源（不论生物或

---

① 自然资源部海洋发展战略研究所课题组 . 中国海洋发展报告（2021）［M］. 北京：海洋出版社，2021：47-50.

非生物资源）为目的的主权权利，以及关于在该区内从事经济性开发和勘探，如利用海水、海流和风力生产能等其他活动的主权权利"。由于专属经济区的海床和底土构成沿海国的大陆架的基本部分，《公约》第五十六条第三款规定，沿海国关于专属经济区的海床和底土的权利应按《公约》的第六部分规定行使。所以，沿海国对于专属经济区内自然资源的主权权利，主要是指对水域中的生物资源的主权权利。① 主权权利的内涵，不仅是指沿海国为勘探和开发、养护和管理专属经济区内自然资源所必要的和与此有关的一切权利，也包括与防止和惩罚违反沿海国关于勘探和开发、养护和管理这些资源的法律和规章的行为的管辖权。② 因此，沿海国在专属经济区内享有关涉自然资源与经济性开发的两项主权权利，以及人工设施、海洋科考、海洋环境等特定事项的管辖权，全部紧紧围绕"经济"属性展开。③

2. 管辖权

根据《公约》第五十六条，沿海国在专属经济区内有人工岛屿、设施和结构的建造和使用，海洋科学研究，以及海洋环境的保护和保全的管辖权。《公约》第六十条则对人工岛屿、设施和结构的建造和使用的管辖权进一步明确。《公约》第六十条规定如下。

①沿海国在专属经济区内应有专属权利建造并授权和管理建造、操作和使用。

a. 人工岛屿。b. 为第五十六条所规定的目的和其他经济目的的设施和结构。c. 可能干扰沿海国在区内行使权利的设施和结构。

---

① 张海文. 联合国海洋法公约释义集［M］. 北京：海洋出版社，2006，102.

② 同①。

③ 程鑫. 中国专属经济区司法管辖权之合法性证成［J］. 上海政法学院学报（法治论丛），2021，36（4）：101-112.

②沿海国对这种人工岛屿、设施和结构应有专属管辖权,包括有关海关、财政、卫生、安全和移民的法律和规章方面的管辖权。

③这种人工岛屿、设施或结构的建造,必须妥为通知,并对其存在必须维持永久性的警告方法。已被放弃或不再使用的任何设施或结构,应予以撤除,以确保航行安全,同时考虑到主管国际组织在这方面制定的任何为一般所接受的国际标准。这种撤除也应适当地考虑到捕鱼、海洋环境的保护和其他国家的权利和义务。尚未全部撤除的任何设施或结构的深度、位置和大小应妥为公布。

④沿海国可于必要时在这种人工岛屿、设施和结构的周围设置合理的安全地带,并可在该地带中采取适当措施以确保航行以及人工岛屿、设施和结构的安全。

⑤安全地带的宽度应由沿海国参照可适用的国际标准加以确定。这种地带的设置应确保其与人工岛屿、设施或结构的性质和功能有合理的关联;这种地带从人工岛屿、设施或结构的外缘各点量起,不应超过这些人工岛屿、设施或结构周围五百公尺①的距离,但为一般接受的国际标准所许可或主管国际组织所建议者除外。安全地带的范围应妥为通知。

⑥一切船舶都必须尊重这些安全地带,并应遵守关于在人工岛屿、设施、结构和安全地带附近航行的一般接受的国际标准。

⑦人工岛屿、设施和结构及其周围的安全地带,不得设在对使用国际航行必经的公认海道可能有干扰的地方。

⑧人工岛屿、设施和结构不具有岛屿地位。它们没有自己的领海,其存在也不影响领海、专属经济区或大陆架界限的划定。

沿海国对海洋科学研究的管辖权体现于《公约》第二百四十六条,该条规定沿海国有权按照《公约》的有关条款,规定、准许和进行在其

---

① 编者注:1公尺=1米。

28

专属经济区内或大陆架上的海洋科学研究。其他国家在专属经济区内和大陆架进行海洋科学研究的，应经沿海国同意。该条也对其申请程序和沿海国予以拒绝的内容进行了规定。

沿海国对专属经济区海洋环境的保护和保全的管辖权的内容规定在《公约》第五十六条和第十二部分。沿海国有权利也有义务个别或联合地采取一切符合《公约》的必要措施，包括制定和执行法律和规章，以防止、减少和控制任何来源的海洋环境污染，确保其管辖或控制下的活动不致使其他国家及其环境遭受污染的损害，并确保在其管辖或控制范围的事件或活动造成的污染不至于扩大到专属经济区之外。

对于大陆架，根据《公约》第七十七条，沿海国为勘探大陆架和开发其自然资源的目的，对大陆架行使主权权利。根据《公约》第七十九条第四款，沿海国对勘探其大陆架或开发其资源拥有管辖权；以及第六十条、第八十条有关专属经济区的人工岛屿、设施和结构的规定比照适用于大陆架上的人工岛屿、设施和结构。除此之外，依据《公约》第八十一条，沿海国有授权和管理为一切目的在大陆架上进行钻探的专属权利，即包括科学研究等大量勘探和开发行为在内的一切钻探活动排他性的授权及管理行为。①

沿海国在专属经济区内行使其权利和履行其义务时，还应适当顾及其他国家的权利和义务，包括《公约》规定下的航行与飞越自由，以及铺设海底电缆和管道的自由。但这些自由都是相对的，其他国家也要受到公约赋予沿海国的主权权利和管辖权的约束。例如，外国渔船在专属经济区享有航行自由，但在航行中不得进行可能有损沿海国对其生物资源的主权权利的任何活动，如捕鱼。并且沿海国有权对其进行监视。其他国家铺设海底电缆和管道，其路线的划定必须经沿海国同意等。这种

---

① 张海文.联合国海洋法公约释义集［M］.北京：海洋出版社，2006：131.

适当顾及的义务是相互的,《公约》第五十八条第三款同时规定了"各国在专属经济区内根据本公约行使其权利和履行其义务时,应适当顾及沿海国的权利和义务,并应遵守沿海国按照本《公约》的规定和其他国际法规则所制定的与本部分不相抵触的法律和规章"。因此,沿海国根据《公约》及其他国际法制度制定的国内法律与规章是沿海国主权权利和管辖权行使的关键依据。

(二) 国内法律法规

在海洋权益维护方面,我国先后制定并发布了一系列法律法规,宣示了我国对领海等海域的主权和权益主张及我国处理海洋事务的基本立场,涉及立法、司法和行政执法。立法层面,专属经济区大陆架适用的比较重要的法律,如1992年实施的《中华人民共和国领海及毗连区法》、1998年实施的《中华人民共和国专属经济区和大陆架法》、1993年实施的《中华人民共和国海商法》等。海事司法如2000年实施的《中华人民共和国海事诉讼特别程序法》。并且近些年,我国最高人民法院相继发布的一系列司法解释将我国的海域司法管辖权明确扩展到专属经济区,包括2016年实施的《最高人民法院关于审理发生在我国管辖海域相关案件若干问题的规定(一)》和《最高人民法院关于审理发生在我国管辖海域相关案件若干问题的规定(二)》,以及2018年实施的《最高人民法院关于审理海洋自然资源与生态环境损害赔偿纠纷案件若干问题的规定》。[①] 海上行政执法如《中华人民共和国海上交通安全法》《中华人民共和国渔业法》,以及2021年通过的《中华人民共和国海警法》等。

综上所述,目前我国基本构建了专属经济区与大陆架的法律法规体

---

① 中华人民共和国大连海事法院,海洋强国战略背景下的国家海事司法管辖权边界厘析,https://www.dlhsfy.gov.cn/court/html/2021/lldy_1028/2761.html, last visit: 2022/10/18.

系框架，但是具体的实施内容仍存在不少空白。首先，我国专属经济区
与大陆架主权权利与管辖权具体行使方式的国内法依据仍旧缺乏。我国
领海范围内海域开发利用活动由《海域使用管理法》建立的海域使用管
理制度及其他配套制度规范。随着经济发展和科技水平提高，我国领海
以外管辖海域，以人工岛屿、平台设施等进行海洋开发利用的活动日益
增多。以风电项目建设为例，2018 年广东省发展和改革委员会印发《广
东省海上风电发展规划（2017—2030 年）（修编）》，规划中划定了 8 个
深海风电发展区，部分区域延伸至专属经济区。

目前，我国海上风电项目开发建设的直接依据是国家能源局和国家
海洋局 2016 年印发的《海上风电开发建设管理办法》，关于风电项目海
域使用的相关规定在该办法第二十一条和第二十二条进行了明确："项目
单位向省级及以下能源主管部门申请核准前，应向海洋行政主管部门提
出用海预审申请，按规定程序和要求审查后，由海洋行政主管部门出具
项目用海预审意见。海上风电项目核准后，项目单位应按照程序及时向
海洋行政主管部门提出海域使用申请，依法取得海域使用权后方可开工
建设。"虽然该办法适用于"沿海多年平均大潮高潮线以下海域的风电项
目"，包含专属经济区大陆架风电项目范围，但很明显，该条文目前规范
的主要对象是领海内而非专属经济区大陆架风电项目申请。在目前专属
经济区大陆架的海域使用管理制度还未建立的情况下，《海域使用管理
法》中确立的海域使用权申请授予的规定显然无法在专属经济区大陆架
的风电项目用海申请中适用。对于风电、油气平台等海上设施、结构的
建造与使用以及管理的相关规定也处于法律空白。因此，《公约》赋予沿
海国主权权利和管辖权的内容在我国还未以国内立法的形式予以细化和
保障。并且，尽管上文提及我国最高人民法院在近些年相继发布一系列
司法解释将我国的海域司法管辖权明确扩展到专属经济区。但这些司法
解释，仅涉及了与海洋环境保护有关的污染损害赔偿纠纷，未明确提及

人工岛屿、设施和结构的建造与使用，特别是未明确提及海洋科学研究方面的司法管辖。①

在国际司法实践中，国内法制定对于细化国际条约并将其作为执法管辖权依据的重要性已在多个案例中得到强调。例如，国际法院仲裁庭在"北极日出号"案例的实体裁决过程中，判定俄罗斯是否在设施附近设立了3海里"安全区"还是500米安全区，是以俄罗斯的国内法作为依据。仲裁庭指出"《公约》第六十条第四款，沿海国家'可以在必要时建立合理的安全区'。该规定并不会自动在每个沿海国专属经济区的每个人工岛屿、设施和结构周围自动创建500米的安全区。相反，为了建立安全区，沿海国必须根据其国内法规定的适用程序采取步骤，建立安全区并通知其建立"。② 据此，仲裁庭认为，虽然俄罗斯在国内法中明确了建立安全区的条款，但是这样的条款也并非意味着安全区会在人工岛、设置周边自动建立，还是需要根据国内法相关条款，执行安全区建立的程序并对外宣布。因此，依据《公约》健全专属经济区内的国内法规是沿海国依法行使管辖权，尤其是执法权的基础。"北极日出号"案仲裁庭明确沿海国严格意义上的执法权必须以国内法为基础，在关于海洋环境保护、人工设施及安全地带的管辖、自然资源主权权利的保护、海上安全、反恐活动等均要求以国内法为执法依据，并且国内法必须符合《公

---

① 中华人民共和国大连海事法院，海洋强国战略背景下的国家海事司法管辖权边界厘析，https：//www.dlhsfy.gov.cn/court/html/2021/lldy_1028/2761.html, last visit：2022/10/18.

② Article 248 "Pursuant to Article 60（4）of the Convention, a coastal State "may, where necessary, establish reasonable safety zones." This provision does not automatically create a 500-metre safety zone around every artificial island, installation, and structure in the EEZ of every State. Rather, for a safety zone to exist, a coastal State must take steps, in accordance with the applicable procedures under its domestic law, to establish the safety zone and give due notice of its establishment. The Tribunal understands that Article 16 of the 1995 Federal Law, similarly, permits the establishment of, but does not itself establish, safety zones.

约》的相关规定。①

但是，我国目前并没有明确地对专属经济区和大陆架人工设施或岛屿安全区的建设与通告形成系统性要求。这些立法的缺失已经落后于我国沿海邻国的立法进程。例如，日本于 2007 年通过的《海洋建筑物安全水域设定法》对专属经济区和大陆架海上设施、建筑物周边安全水域的设置程序、管控（包括设置后的通告、撤销、宽度限制等）和罚则进行了明确。② 以国内法的形式，为日本在其专属经济区和大陆架的海上设施安全区的设定提供了细化依据。

除了部分内容缺乏国内法作为支撑外，我国现有的涉及专属经济区和大陆架管理的法律制度也亟待升级以与国际法要求或最新的国际实践相衔接。例如，关于海上人工构造物的废弃，根据《公约》第六十条第三款："这种人工岛屿、设施或结构的建造，必须妥为通知，并对其存在必须维持永久性的警告方法。已被放弃或不再使用的任何设施或结构，应予以撤除，以确保航行安全，同时考虑到主管国际组织在这方面制定的任何为一般所接受的国际标准。这种撤除也应适当地考虑到捕鱼、海洋环境的保护和其他国家的权利和义务。尚未全部撤除的任何设施或结构的深度、位置和大小应妥为公布。"

2002 年，国家海洋局印发了《海洋石油平台弃置管理暂行办法》（以下简称"《办法》"），适用于我国内水、领海、毗连区、专属经济区、大陆架以及我国管辖的其他海域的海洋石油平台弃置活动。弃置其他海上人工构造物的，参照该办法执行。该办法对领海内的必须拆除的平台也进行了明确。根据该办法第十二条："废弃的平台妨碍海洋主导功

---

① 杨永红. 从"北极日出号"案析沿海国在专属经济区的执法权［J］. 武大国际法评论，2017，1（3）：156.

② https：//elaws. e-gov. go. jp/document？lawid＝419AC1000000034. last visit：2020/10/27.

能使用的必须全部拆除。在领海以内海域进行全部拆除的平台，其残留海底的桩腿等应当切割至海底表面4米以下。在领海以外残留的桩腿等设施，不得妨碍其他海洋主导功能的使用。"但对专属经济区不再使用的人工设施结构物应予以拆除的规定却没有明确，并且在专属经济区没有进行规划的情况下，海洋主导功能不明确，对适用"废弃平台妨碍海洋主导功能使用的必须全部拆除"这一规定造成一定的困难。

专属经济区与大陆架规划层面，《全国海洋功能区划（2011—2020年）》适用范围为我国的内水、领海、毗连区、专属经济区、大陆架以及管辖的其他海域。但该区划对海洋空间与资源的保护利用的要求采用文字概述性说明，并未配以图示，较难对保护和开发利用活动空间进行更明确的指引。

第四节 讨论与思考

通过对我国海洋空间治理政策制度体系的现状梳理，本书认为，我国海洋国土空间治理框架目前已基本形成，但还有待完善。

一、海洋战略层面

在陆海统筹和海洋强国战略引领下，我国海洋顶层设计，目前在很大程度上由国民经济和社会发展五年规划为代表的发展型规划完成。但五年发展规划侧重短期项目部署和目标调控，而空间规划具有长期性和未来导向性的特征，以五年发展规划为空间规划的主要参考，即使考虑到空间规划可在实施期限内修编、调整的情况，仍有可能对空间保护与利用的长期安排有所限制。因此，我国尤其是海洋空间治理方面仍需要长期、综合性顶层战略与政策的引领。

二、海洋规划层面

空间规划体系改革是国土空间治理体制改革的重要内容，也是我国生态文明体制改革的重要任务。国土空间规划作为国家空间发展的指南、可持续发展的空间蓝图，也是各类开发保护建设活动的基本依据[①]。国土空间规划体系强调底线思维、以人为本，重视陆海功能布局及空间结构的科学合理性，以陆海统筹作为重要抓手，促进陆海协同发展；并将规划的审批、实施监管、法律、技术等体系建立视为整体。国土空间规划体系目前明确涉及海洋空间统筹布局的内容主要包括在各级总体规划的海洋部分以及海岸带专项规划中。国土空间规划体系的建立，对深化我国生态文明建设以及提升国家空间治理能力与现代化具有重要意义。但从目前涉海规划编制与实施中已经出现、正在经历和可能面临的问题与挑战来看，在宏观的涉海规划体系完善与具体的规划内容提升方面，涉海规划仍有进一步优化的空间。

（一）规划体系方面

首先，缺少涉海详细规划类型。在新一轮国土空间规划体系下，海洋空间保护利用布局主要通过总体规划的涉海部分、区域性综合涉海专项规划（海岸带规划）和行业专项规划（港口规划、养殖水域滩涂规划、海上风电规划、海砂规划等）落实。综合统筹性海洋分区与管理的内容主要集中于各级总体规划的涉海部分以及各级海岸带专项规划，仍主要通过"分区准入+约束指标"的形式实施用途管制，沿用了海洋功能区划制度的做法。但前文中也有所提及，各级海洋功能区划编制的尺度较大，并且在区划管理的要求中，大多只明确适宜的用海类型，用海方式控制

---

① 《中共中央 国务院关于建立国土空间规划体系并监督实施的若干意见》。

和引导不足，更难以对具体用海项目提出控制性指标与空间布局的要求。如果还是仅以功能区分区准入条件为主要管理依据，管理部门仍旧缺少精细化管理的抓手，尤其在用海活动集中（如立体用海区域）或海洋利用与保护较易形成冲突的区域（如生态红线区域）。

其次，涉海各类规划内容仍需明确，提升规划协调与衔接。虽然空间规划体系改革"多规合一"解决了以往许多规划冲突的问题。但各空间类涉海规划内容仍有待进一步协调。例如，主体功能区制度在本轮涉海国土空间规划编制中统领作用仍然不足。再如，各级总体规划中的海洋内容和海岸带专项规划也有待进一步协调。根据海岸带规划《编制指南》，海岸带规划继承原海洋功能区划和海岛保护规划。除了传统海洋功能区划和海岛保护规划分区管控的内容外，还新增了陆海一体化保护和利用空间识别、海岸建筑退缩线划定①、潮间带分类管控、陆域空间布局优化、人居环境提升等内容。这些内容恰是规划层面落实陆海统筹要求的关键抓手，是海岸带规划作为陆海衔接的区域性规划最应发挥作用之处。但是，目前海岸带专项规划编制仅在国家和省级层面要求必须开展，市县级海岸带规划的编制没有强制规定，仅可视情况开展。这就为各级总体规划与海岸带规划的内容确定与衔接传导带来了不确定性。这在省级海岸带规划修编工作中对一些内容的引导、管控深度把握方面带来挑战。没有市县级海岸带规划的地市，会将省级海岸带规划的内容传导至市级总规并落实，沿海市级总体规划陆域部分内容可以通过详细规划进一步细化与传导，但沿海市级总规海域部分的内容，除了更下一级的总体规划外，将无法进行传导细化。另外，没有强制性规定市级编制海岸带规划也造成了相同的空间管理内容（如陆海一体化保护和利用空间识别、海岸建筑退缩线划定等要求），有的拟在市级总体规划中落实，有的

---

① 尽管之前一些省、市已通过规划或地方法规的形式进行了岸线建筑退缩线的要求。

拟在市级海岸带规划中落实的情况。

由于本轮省级海岸带专项规划编制工作较其他行业专项规划启动较晚，许多省级行业专项规划已经完成编制并出台。行业专项规划多从自身发展以及行业保护的角度出发，缺乏对其他行业以及生态环境保护要求的统筹考虑。区域性专项规划的一个重要功能就是综合考虑、统筹区域内各行业的空间使用，避免出现地方过度集中发展经济效益潜力大的行业（如港口、企业码头），反而造成行业发展过度饱和同时空间利用低效浪费的问题。并且区域性规划也应是指导产业转型升级、经济结构调整的宏观调控手段之一。目前，海岸带专项规划内容对产业退出、升级、结构调整等引导作用比较弱，加之各行业专项规划已经出台，海岸带专项规划在空间布局与统筹方面陷入了比较被动的境地。

最后，缺乏专属经济区和大陆架空间规划。空间规划体系改革前，国家海洋功能区划与海洋主体功能区规划都包括专属经济区与大陆架的文字性引导内容，但缺少具体的空间落位。正如第二至第五章国外研究部分所示，除美国外，澳大利亚、德国和英国都编制了覆盖全部或部分专属经济区与大陆架区域的规划，在空间层面明确了相应开发利用和保护活动的位置指引及配套的管控要求。

（二）规划表达方面

首先，生态系统与行业活动完整性表达不足。生态文明建设背景下的空间规划应该更突出"整体性思维"，目前，规划编制过程与成果对于生态系统完整性、行业活动完整性仍呈现不足。生态系统完整性方面，目前主要以生态保护红线区域进行表示，但对红线内具体拟保护的物种、栖息地类型，以及红线范围外根据资源环境承载能力和国土空间开发适宜性评价确定的生态保护"极重要"和"重要"的区域的保护对象还未见完整表达。行业活动完整性方面，空间规划最终体现的分区是已对各用海活动空间协调统筹后的结果。但海洋是多种资源共生、共存的复合载体，具有功能多样性与使用方式复杂性特征，功能区除了主导功能之外，还有其他的兼容功能。而明确兼容功能也是本轮涉海规划分区管控中的重要内容。但是，某一功能区具有兼容功能并不意味着兼容功能在整个区域内都适宜开展（如线性用海活动只穿越部分功能区）。在海洋功能区划制度中，兼容功能的表达主要是以登记表中的文字性内容为主，对支持兼容功能适宜发展的具体位置缺乏引导。因此，完整展示单种用海活动的现状、规划区域（尤其是线性用海活动）非常必要。完整展现各类用海活动的现状布局与规划引导区域，看似会造成保护和利用区，以及不同利用区的重叠，但重叠区域恰恰具象化了生态保护与用海活动的矛盾，以及不同用海活动矛盾最为突出的区域，为规划编制中的行业空间分配博弈、保护区域内的用海管控规则的制定，以及规划实施后对用海活动申请都提供了清晰的、可追溯的判断依据。

其次，规划内容在时间维度的管控和引导较弱。海洋空间规划是以生态系统方法为基础，分析和分配人类海洋活动时空分布，从而实现可持续发展目标的过程。因此，除了空间安排外，还应体现对规划的"时间安排"。但目前，规划编制对利用与保护之间的时序安排，以及利用与利用之间的时序安排考虑较少。并且空间规划的"未来导向性"较弱，描述现状的功能较强。关注时间维度的空间规划应该考虑近期、中期与远期规划，对不同阶段的空间的保护与利用应提出相应的阶段性目标，而包括分区、管控内容也应根据不同阶段进行动态调整。规划需要"刚性"内容作为底线保障，同时需要弹性内容进行适应性管理。这些适应性调整的内容，有些可以通过规划调整/修订进行，但部分也可以通过"弹性分区"的设置进行实现。

最后，规划目标、管控措施、指标之间缺乏传导链条。规划应由宏观和具体目标、指标和管控措施（政策制度与管控规则）等一系列内容组成。具体目标是对宏观目标的量化分解,管控措施则为实现具体目标服务,而指标则是衡量具体目标的实现程度。因此,目标、指标和管控措施的设置应环环相扣,并构建其彼此间清晰的关联路径或传导链条。但目前,规划设定的各种目标、管控措施和指标之间还缺乏传导联系,彼此之间的转化路径也不甚明确。并且由于此轮空间规划体系改革涉海详细规划目前仍处于探索阶段,以功能分区为主要管控手段的规划方式与用海申请之间缺乏详细规划的承接传导,可能造成规划项目布局不明确,规划指标无法细化,难以对项目的布局和指标进行审查等问题。

(三)规划编制方面

首先,海洋资源环境本底数据缺乏系统调查,数据种类、数量、完整性、精度等存在不足,评价的技术方法不统一,导致海域适宜的发展方向难以明确。由于缺乏最新和完整的本底数据,双评价对规划编制支撑作用有限。

其次,规划编制过程中编制单位会充分联系衔接各部门、各行业以及地方,尽量收集各方用海需求,但经常面临各部门或地方在规划编制阶段开发利用需求不明确,并且缺乏清晰的中长期空间预期或布局的情况,有可能导致规划出台后,较难满足各方未来的实际发展需求。并且由于规划内容中缺乏行业发展的优先级安排,规划编制中对重点发展行业、活动的指引与保障不足,对地方的发展重点与特色表达不够鲜明,造成各地规划"千规一律"的情况。

再次,空间规划的编制不仅在于出台规划文本,还在于编制过程中考虑协调主体之间的利益诉求以及区域之间的均衡发展,以最终实现国土空间有效、高效、公平、可持续利用。目前,海洋空间规划的结果意义在我国已得到足够重视,但是规划编制的过程意义鲜有体现。例如,规划编制过程中缺少对拟订方案进行全面评估,以预判拟定规划将对生态环境以及其他行业（特别是传统渔业养殖）产生的整体影响。缺少评估环节，一方面不利于预判规划内容、要求是否能实现规划目标；另一方面也无法对拟定规划可能对某些保护或利用活动造成的潜在负面影响进行提前调整或预防。

最后，规划编制过程中对行政区域边界范围内与邻省/市县规划内容的衔接仍缺乏较为稳定的沟通协调机制。自然资源部办公厅印发的《省级国土空间规划编制指南（试行）》对规划省际协调进行了原则性要求，要求做好与相邻省份在生态保护、环境治理、产业发展、基础设施、公共服务等方面的协商对接，确保省级之间生态格局完整、环境协同共治、产业优势互补、基础设施互联互通，公共服务共建共享。《省级海岸带综合保护与利用规划编制指南（试行）》也指出了"相邻省海岸带规划编制时要充分对接，考虑省域边界两侧功能区的邻避效应，注重旅游、交通运输、基础设施建设等布局的协调和相应管控要求的衔接"。但是，协调工作的程序并未明确，在实践中也较难推进，尤其是在层级较高的省级规划之间。

（四）规划实施方面

上文中提及的规划体系、表达和编制方面存在的问题可能直接影响规划实施层面。首先，目前海洋空间规划仍主要采用"指标约束+分区准入"的方式，管控要求针对整个分区而非具体项目，因此在具体项目论证申请时所起到的精细化约束管控作用不足。并且分区内多个项目整体造成的累积效应也无法依据规划进行管控。

其次，目前规划分区刚性较强，缺乏弹性且调整机制尚不明确。规划中分区尺度相对较大，如果采用"一刀切"的管理方式，将使生态系统保护与适当人类活动间缺乏协调，规划拟达到的"人与自然和谐共生，生态、社会、经济可持续发展"目标将被削弱。现有规划虽提及可以调整，但具体调整机制和方法仍未明确。同时，陆地规划中复合用地的概念已比较明确，但海洋规划中的复合用途鲜有提及。可探索、设置海洋复合用途的管理方式，对复合用途的统计、转换、优先次序提出契合需求的引导性和约束性要求。

最后，在规划实施评估层面，应在规划编制阶段就建立明确的规划目标和指标体系，并且明确管控措施与目标、指标体系之间的关联是规划实施监管的基础。没有清晰、可测的目标和指标，规划实施监测和评估便会失去工作的方向和意义。因此，现有规划目标、管控措施与指标之间缺乏明确传导链条可能会为将来的规划实施评估带来一定的挑战。

三、制度与法规政策体系层面

（1）海洋总体制度框架已形成，逐渐往精细化管控发展。经过前面章节的梳理，本书认为，我国海洋主权管辖下海域的总体管理制度框架已形成，目前正在向精细化管理探索，其内容主要包括 3 方面：配套制度的建立，制度内容的明确与细化，以及行业、技术标准的更新与出台。

配套制度建立方面，如岸线分类保护与利用制度相关配套制度，包括广东省目前探索的岸线占补、自然岸线占用论证与审批、岸线建筑退缩线及管控、严格保护岸线保护范围与管控等。

制度内容细化方面，如生态红线的管理规定。2022 年 8 月《自然资源部 生态环境部 国家林业和草原局关于加强生态保护红线管理的通知（试行）》明确了生态保护红线内自然保护地核心保护区外允许的 10 类对生态功能不造成破坏的有限人为活动。但从实际管理需求来看，这些原则性的规定还需要结合保护对象、具体利用活动在地方层级进一步细化。

行业、技术标准的更新与出台方面，《海域使用分类》（HY/T 123—2009）在过去 10 年中对海域论证审批管理起到了坚实的支撑作用，但随着科技发展和创新性用海形式需求的提出，已无法完全进行有效的指导。例如，目前多省海域管理实践中已经出现了多用途用海需求，① 但是《海域使用分类》中海域使用类型以单一功能为主，缺乏复合型功能。包括人工浮岛、浮式养殖（能源）平台以及浮式风电的浮式海上结构物与设施的建设需求也逐渐兴起，但对这类浮式结构物的用海方式界定不明确，造成一定实践管理不统一的问题。因此，海域使用类型和用海方式都面临更新的需求。

（2）陆海统筹制度、陆海技术标准需要进一步衔接。从实际来看，陆海统筹管理的抓手应是海岸线两侧分别向海向陆延伸一定范围的带状区域而非单纯一条海岸线。从目前的管理制度来看，还是以海岸线相关管理制度为主，缺少海岸带综合管理制度。并且海岸线管理体系目前仅构建了总体框架，很多具体的实际管理问题仍未细化或规定。

海岸线也是多部门共同管理的区域，涉及海岸线管理的权限分布于自然资源、水利、交通、渔业以及生态环境等多个部门，管理权限分散且缺乏统筹。陆海统筹管理目前问题比较突出的还有河口区域。以河口区域水质标准衔接为例，目前有些省份仍缺乏入海河口的水质标准，河口区域大多仍采用"一刀切"的形式划分河海界限进行水质管理，陆域一侧执行《地表水环境质量标准（GB 3838—2002）》，海域一侧执行《海水水质标准（GB 3097—1997）》，并且两种标准的水环境管理考核评价指标相互不衔接，而单独作为考核河口区（咸淡水交汇区）水环境管理需求又不适用。因此，海岸带区域仍旧需要真正陆海统筹的各项制度的创设以保障其整体性的保护与发展。

（3）完善用海项目建设、运行常态化监管与项目到期后管理，建立

---

① 多用途用海指在同一用海项目中出现多种海域使用类型的情形，不同于立体用海的"一层一用"，多用途用海一般为"一层多用"。

项目退出机制。我国用海项目管理过去一直存在"重审批、轻监管"的问题。目前，管理部门已经意识到了加强项目审批后监管的重要性，如《自然资源部办公厅关于进一步规范项目用海监管工作的函》（自然资办函〔2022〕640 号）的发布。但总的来说，海域使用权审批后的项目监管由于缺乏明确的监管事项清单和法律依据，管理部门在实际操作中仍存在"监管什么"和"依据什么实施监管"的困惑。《深圳经济特区海域使用管理条例》创设的海洋工程建设管理制度，在这一事项上进行了积极探索，在一定程度上可以补充用海监管依据。用海用岛常态化监管方面，各沿海省也在积极探索建立各项制度和措施。例如，随着《广东省自然资源厅关于印发〈广东省海洋协管员管理制度（试行）〉的通知》发布，海洋协管员制度在广东省正式建立。根据该通知，协管员将针对围填海、构筑物用海施工、围塘内非养殖活动施工、无居民海岛开发利用活动、岸线受损、海洋观测监测设施等开展常态化巡查。

用海项目到期后拆除与生态修复问题方面，目前国家层面还缺少具体法律规定与制度引导。根据《海域使用法》第二十九条：海域使用权终止后，原海域使用权人应当拆除可能造成海洋环境污染或者影响其他用海项目的用海设施和构筑物。但是，随着用海活动日益增长、用海矛盾冲突加剧，从海洋空间集约利用的角度来看，如果没有存续或再次利用的价值，或能够论证构筑物的拆除会造成严重的自然资源或生态环境损害，所有的构筑物理应在海域使用权到期后予以拆除或移除，并尽量恢复海域原状，而非可能造成海域环境污染或者影响其他用海项目用海的设施或构筑物才予以拆除。但对设施和构筑物的拆除，由于目前法律法规不完善和缺乏政策指引，实践中也存在项目已注销但还未拆除构筑物的情形。

目前，我国普遍存在海域和海岸线开发利用规模较大，而集约节约开发利用水平较低的问题，尤其是海岸线空间资源价值被严重低估和忽视。① 因此，海域、海岸线低效利用退出机制以及闲置收储制度亟须建立。

（4）专属经济区大陆架缺乏具体用海管理制度。目前，我国对专属经济区和大陆架的法律规定都较为原则，对具体的资源开发利用、生态环境保护、交通运输和科学研究活动的申请审批、实施管理及部门职责分工等缺乏具体规定，并且海上构筑物的建造与管理也需要制度与配套法律法规予以规范。

---

① 刘亮，王厚军，岳奇 . 我国海岸线保护利用现状及管理对策［J］. 海洋环境科学，2020，39（5）：723-731.

第二章

澳大利亚海洋空间规划

第一节 澳大利亚海洋空间规划体系概况

澳大利亚海洋管理与空间规划体系主要分为联邦和州两个层级，分别由联邦政府和州政府负责。联邦层级的海洋规划，主要为海洋生物区域规划和联邦海洋公园管理计划；州级层面的规划，则是各州通过立法在其管辖海域内宣布建立州级海洋公园并实施管理。① 虽然联邦海洋公园与州级海洋公园在管理上相对独立，但出于保护跨界区域生态系统完整性的角度，常采用协作方式跨区域共同管理。② 整体来说，澳大利亚各级各类海洋规划以生态保护为主，规划总体呈现"在保护中利用"的目的与设计思路（图 2-1）。

---

① 澳大利亚沿海州管辖海域为海岸线向海三海里区域；联邦政府管辖海域为州管辖的三海里边界至澳大利亚专属经济区或大陆架外部边界。

② GBRMPA, zoning, https：//www.gbrmpa.gov.au/access-and-use/zoning, last visit：2022/04/14.

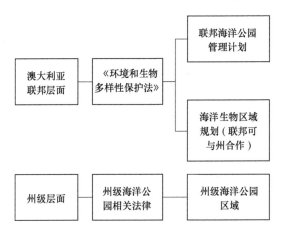

图 2-1　澳大利亚海洋空间规划体系

一、海洋生物区域规划

（一）海洋生物区域规划基本情况

海洋生物区域规划制度依据澳大利亚《1999 年环境保护和生物多样性保护法》（*Environment Protection and Biodiversity Conservation Act* 1999）建立，以促进海洋环境及其资源的可持续利用。根据该法，农业、水和环境部部长可在联邦地区内制定生物区域规划。部长也可以代表联邦，与州或自治区的管理机构合作，使生物区域规划的范围由联邦管辖区域延伸至州级管辖海域[1]。生物区域规划涵盖了以下全部或部分内容：（a）物种组成、分布和保护状况；（b）区域内重要的经济和社会价值（包括地方的遗产价值）；（c）与生物多样性和其他价值有关的目标；（d）实现目标的优先事项、战略和行动； （e）社区参与执行计划的机制；

---

[1]　Environment Protection and Biodiversity Conservation Act 1999 （Amended 2021） vol ch2 pt12 div2 s176.

(f) 监测和审查计划的措施。[①]

根据地理区位，澳大利亚将联邦管辖海域分为 6 大海域且分别编制生物区域规划。[②] 目前已有 4 个海域制定了生物区域规划，分别为《西南海洋生物区域规划》《西北海洋生物区域规划》《北部海洋生物区域规划》和《温带东部海洋生物区域规划》，珊瑚海和东南部海洋生物区域规划暂未制定。下面以《北部海洋生物区域规划》为例对规划主要内容进行说明。

（二）海洋生物区域规划主要内容

北部海洋生物区域规划范围从澳大利亚西约克角半岛延伸至北领地——西澳大利亚边境的联邦管辖海域。规划虽不包括州管辖海域，但其内容中包含了近海环境与联邦管辖海域的物种和栖息地等之间相互作用的内容。

北部海洋生物区域规划识别了规划范围内海域的自然特征，并阐述了北部海域的本底环境、社会经济特征及其保护价值，包括《1999 年环境保护和生物多样性保护法》中要求保护的主要生态特征区、保护区域以及物种。规划根据主要价值识别了 8 个生态特征区并分为 4 类，分别为：具有重要生态特性的独特海底特征区域（波拿巴盆地的尖峰、范迪门隆起的碳酸盐岩滩和阶地系统、阿拉法特陆架断裂和斜坡、阿拉法特洼地的支流峡谷）；海洋生物多样性和生物聚集的重要区域（卡奔塔利亚湾盆地）；海洋生物高度聚集，生物多样性和具有区域特征性区域（韦尔斯利群岛西北部的高原和山脊、卡奔塔利亚湾水下珊瑚礁）；以及高生产力、海洋生物聚集、生物多样性和具有区域特征性的区域（卡奔塔利亚湾海岸带)[③]。

---

① Environment Protection and Biodiversity Conservation Act 1999（Amended 2021）vo1 ch2 pt12 div2 s176.

② 6 大海域分别为西北海域、北部海域、珊瑚海海域、温带东部海域、东南海域及西南海域。

③ Department of Sustainability, Environment, Water, Population and Communities, Marine bioregional plan for the North Marine Region, 2012, p. 16-17.

此外，规划中还识别了保护物种和保护区域，以保护《1999年环境保护和生物多样性保护法》所列的物种和对澳大利亚环境具有重要意义的区域（世界遗产、国家遗产、国际重要湿地等）。例如，在北部海洋生物区域规划范围中，一艘历史沉船周边被设立为禁止进入的保护区。

在以上识别内容的基础上，规划进行了区域压力分析，主要分析由于人类活动所造成的对生态特征区域、保护物种和保护区域3方面不利影响，包括海平面上升、海水酸化、富营养化、噪声污染、光污染、生物资源开采等。通过分析人类活动对这3方面造成的影响程度①，确定主要压力来源。北海区域识别的压力源包括：气候变化及相关影响（洋流变化、海平面上升、海洋酸化、极端气候）、生物资源开采、邻近地区工业发展、海洋产业及基础设施增长。

根据识别的保护价值以及相关压力分析结果，同时考虑当前的政策和技术手段，规划确定了北海区域的12种优先事项，为海洋保护、规划以及人类活动的决策提供信息②，包括6个优先保护（重点保护）的生态特征区及物种（海龟、近海海豚、锯鳐、河鲨、儒艮、海蛇以及卡奔塔利亚湾海岸带），以及在保护工作中需要优先考虑和解决的6种压力（海洋废弃物、捕捞、生物资源开采、栖息地变化、气候变化和水文变化）。根据以上优先事项提出了7种宏观性解决策略，并在策略基础上为每个优先事项制定了具体行动，如表2-1所示。

---

① 人类活动影响程度分为令人担忧、潜在担忧、较少担忧、不担心、数据不足无法评估几类。

② 部分被评估为"令人担忧"或"潜在担忧"的保护价值和压力会被确定为区域优先事项。当某个压力影响多个保护价值并且其中一些被评估为"令人担忧"程度时，则将该压力确定为区域优先事项。同样，如果保护价值受到或可能受到多重压力的不利影响，并且至少有一种压力已被评估为"令人担忧"的程度，则将其视为区域优先事项。在确定基于压力的区域优先事项时，其他关键考虑因素包括规模问题、立法责任、保护状况、现有管理安排的有效性以及保护价值的分布、丰度和状况以及作用于它们的压力的不确定性程度。

表 2-1 为解决优先事项而确定的策略和行动（行动以保护近海海豚为例）[①]

序号	策略	行动（以近海海豚为例）
1	加强与研究组织的合作，提供研究重点和方向，加快成果转化	（1）支持关于改进气候变化对近海海豚和主要生态特征的影响的研究；（2）更新有关近海海豚的重要生物区域的信息
2	建立联邦海洋保护区网络并纳入国家海洋保护区加以管理	确保海洋保护区的管理措施有助于保护和养护该地区的生物多样性和生态系统功能和完整性
3	提供相关、可访问且可信的信息，以支持与《1999 年环境保护和生物多样性保护法》管辖范围内的发展建议相关的决策	提供区域建议，以协助评估和确定对区域保护价值的潜在影响的重要性
4	加强与相关行业的合作，提高对人为干扰影响的认识，解决对区域主要生态特征和保护物种的累积影响	（1）与相关渔业管理组织和行业合作，支持研究、信息交流和改进管理举措的制定，以解决受保护物种的兼捕问题，并建立持续监测指标；（2）与制造业合作，提高对噪声增加对近海海豚的影响的认识
5	制定有针对性的合作计划，以协调联邦政府以及相关州政府机构的物种恢复和环境保护工作	与昆士兰州、北领地政府以及沿海社区合作，制定保护措施，以限制在近海海豚繁殖季节的干扰，重点关注在居住区附近的地区或存在、即将产生干扰源的地区
6	完善有关海洋环境中生态系统健康的监测、评估和报告	——
7	参与管理区域优先保护价值和压力的国际行动	——

---

① Department of Sustainability, Environment, Water, Population and Communities, Marine bioregional plan for the North Marine Region, 2012, p. 30.

二、联邦海洋公园管理计划

(一) 联邦海洋公园管理计划基本情况

根据《1999 年环境保护和生物多样性保护法》第 370 条,农业、水和环境部部长有权批准联邦保护区的管理计划,用于管理联邦保护区内的人为活动。[①] 据此,澳大利亚运用网络化管理的措施,根据公园的分布情况,将 58 个联邦海洋公园列入 6 个海洋公园管理计划中,[②] 包括 5 个海洋公园网络(北部、西北、西南、东南和温带东部网络各 1 个)和 1 个珊瑚海海洋公园(管理计划分区情况见前文中澳大利亚海域 6 大分区)。下文以《北部海洋公园网络管理计划》为例进行介绍。

《北部海洋公园网络管理计划》的主要内容包括设定管理目标、合作管理、分区管控、实施计划、适应性管理等[③],其中以分区管控内容最为核心,下文将进一步说明。

(二) 海洋公园管理计划分区管控

《北部海洋公园网络管理计划》包括位于北部海域区域的 8 个海洋公园,分别是约瑟夫波拿巴海湾海洋公园、海洋浅滩海洋公园、阿拉弗拉海洋公园、阿纳姆海洋公园、韦塞尔海洋公园、林门海洋公园、卡奔塔利亚湾海洋公园和西开普约克海洋公园。[④] 管理计划为每个公园都评估确

---

① Environment Protection and Biodiversity Conservation Act 1999(Amended 2021)vo2 ch5 pt15 div4 s370.

② https://parksaustralia.gov.au/marine/management/, last visit: 2023/03/03.

③ Department of Sustainability, Environment, Water, Population and Communities, the Coral Sea Marine Park Management Plan 2018, p.9.

④ National Parks, North Marine Parks Network Management Plan 2018, 2018, p.18.

定了其在自然、文化、遗产、社会经济等方面的价值。根据《1999 年环境保护和生物多样性保护法》的要求，管理计划为每个海洋公园指定一个世界自然保护联盟（International Union for Conservation of Nature）确立的保护区种类，并在此基础上进一步将海洋公园划分为多个区域，并为每个区域分配一个类别（可能与海洋公园的保护区种类不同）。[1] 世界自然保护联盟保护区种类是指世界自然保护联盟于 1994 年发布的《保护区管理分类应用指南》中拟建立的统一的全球性的保护区管理类型标准。该指南确定的 7 种保护区构成了澳大利亚保护区管理原则的基础，这 7 种类型代表了不同程度的人为干预，分别为：严格自然保护区（Ⅰa）、荒野地区（Ⅰb）、国家公园（Ⅱ）、自然遗迹（Ⅲ）、生境/物种管理区（Ⅳ）、保护景观/海景（Ⅴ）和资源管理保护区（Ⅵ）。

（1）严格自然保护区（Ⅰa）：主要以科研或监测为目的进行保护的区域，这些区域拥有特殊或具有代表性的生态系统、地质或生物特征/物种的陆地/海洋区域，主要可用于科学研究/环境监测。（2）荒野地区（Ⅰb）：主要为荒野保护而管理的保护区，这些区域是未经人类改造或轻微改造的陆地/海洋区域，自然特征得到较好的保留，没有永久或重要的居住地，应受到保护和管理以保持其自然条件。（3）国家公园（Ⅱ）：主要以生态系统保护和休闲娱乐为目的的保护区，包括陆地或海洋的自然区域，用于以下几方面。（a）为今世后代保护一个或多个生态系统的生态完整性。（b）禁止不利于该区域保护目标的开发活动。（c）为科教文化等活动提供基础。（4）自然遗迹（Ⅲ）：以保护特定自然特征为目的的保护区，包含一个或多个特定自然或自然/文化特征的区域，由于其固有的稀有性、代表性或美学品质及文化意义而具有突出价值。（5）生境/物种管理区（Ⅳ）：主要通过管理措施进行生物/物种养护的保护区，

---

[1] National Parks, North Marine Parks Network Management Plan 2018, 2018, p. 36.

通过人为管理措施以确保栖息地的维护/满足特定物种的要求的陆地/海洋区域。(6) 保护景观/海景 (Ⅴ):主要以景观/海景保护和娱乐为目的的保护区,保护具有显著的审美、文化/生态价值的完整性的独特区域。(7) 资源管理保护区 (Ⅵ):以保障自然资源可持续利用为目的的保护区,主要为未经开发的自然区域,确保生物多样性的长期保护和养护,同时提供可持续的自然产品和服务以满足人类需求。

北部海洋公园网络的 8 个海洋公园总体分为两类:资源管理保护区 (Ⅵ) 和生境/物种管理区 (Ⅳ)①。

以约瑟夫波拿巴海湾海洋公园、韦塞尔海洋公园为例:约瑟夫波拿巴海湾海洋公园被列为资源管理保护区 (Ⅵ),韦塞尔海洋公园是生境/物种管理区 (Ⅳ)。约瑟夫波拿巴海湾海洋公园主要具有浅层海底特征以及其他表层特征,这些特征是维持生物多样性的重要基础,因此该公园主要是保护自然系统区域,以达到可持续利用的目的,同时从经济角度也支持部分开采活动;而韦塞尔海洋公园除了表层特征外,还有需要保护的无脊椎动物和鱼类等特殊物种,因此需要积极的人为干预去养护该公园内的生境/物种。

在公园分类的基础上,北部海洋公园网络又参照世界自然保护联盟标准针对每个公园进一步划区管理,区划分了 4 类用途区并为每种区域设置准入原则,分别为以下几类。(1) 特殊用途区:允许进行特定活动的区域,北部海洋公园网络有两种特殊用途区,其中特殊用途区 (拖网) 允许拖网捕鱼的商业捕鱼活动。(2) 多用途区:允许一系列可持续利用的人为活动 (包括商业捕捞和采矿等)。(3) 生境保护区:保护生态系

---

① National Parks, North Marine Parks Network Management Plan 2018, 2018, p.87. [资源管理保护区 (Ⅵ) 包括约瑟夫波拿巴海湾海洋公园、海洋浅滩海洋公园、阿拉弗拉海洋公园、阿纳姆海洋公园、卡奔塔利亚湾海洋公园;生境/物种管理区 (Ⅳ) 包括韦塞尔海洋公园、林门海洋公园、西开普约克海洋公园。]

统、生境和本地物种，允许开展不损害或不破坏海底生境的活动。（4）
国家公园区：保护生态系统、生境和本地物种，仅允许非采掘性活动
（除被授权进行研究和监测活动)[1]。北部海洋公园网络的 8 个海洋公园的
分类分区情况如表 2-2 所示。

表 2-2　北部海洋公园网络分类分区表[2]

公园名称	公园分类	公园分区
约瑟夫波拿巴海湾海洋公园	资源管理保护区（Ⅵ）	特殊用途区、多用途区
海洋浅滩海洋公园	资源管理保护区（Ⅵ）	特殊用途区、多用途区、生境保护区、国家公园区
阿拉弗拉海洋公园	资源管理保护区（Ⅵ）	特殊用途区、特殊用途区（拖网）、多用途区
阿纳姆海洋公园	资源管理保护区（Ⅵ）	特殊用途区
韦塞尔海洋公园	生境/物种管理区（Ⅳ）	特殊用途区、生境保护区
林门海洋公园	生境/物种管理区（Ⅳ）	生境保护区
卡奔塔利亚湾海洋公园	资源管理保护区（Ⅵ）	特殊用途区、国家公园区
西开普约克海洋公园	生境/物种管理区（Ⅳ）	特殊用途区、生境保护区、国家公园区

三、州级海洋公园区划

澳大利亚各州在本州的管辖海域内享有立法权，可通过立法在其管
辖海域内宣布建立州级海洋公园并实施管理。本节以昆士兰州和新南威
尔士州为例对澳大利亚州级海洋公园区划作简要介绍。

---

① National Parks, North Marine Parks Network Management Plan 2018, 2018, p. 36.
② 同①，p. 87。

1. 昆士兰州

昆士兰州位于澳大利亚大陆的东北部，东濒太平洋，西边与北领地及南澳大利亚州相接，南邻新南威尔士州。根据昆士兰环境与科学部制定的《2004年海洋公园法》（Marine Park Act 2004），环境与科学部可以制定其管辖海域范围内的海洋公园区划并报州总督会同行政会议批准。[①]海洋公园区划的作用是保护海洋公园独特生物多样性并管理公园内的人类活动。目前，昆士兰州已就大堡礁海岸海洋公园、摩顿湾海洋公园和大沙海洋公园3个州立海洋公园制定了区划。[②]

以大堡礁海岸海洋公园为例，昆士兰州政府根据《2004年海洋公园法》制定了《海洋公园（大堡礁海岸）区划2004》[*Marine Parks（Great Barrier Reef Coast）Zoning Plan* 2004][③]，以加强对大堡礁海岸海洋公园的管理。值得注意的是，澳大利亚联邦政府在2003年就已完成了《大堡礁海洋公园区划》的整体编制（《大堡礁海洋公园区划》的内容将在第二节具体说明）。因此，为保持生态系统的完整性和管理上的有效衔接，《海洋公园（大堡礁海岸）区划》在内容上很大程度地参考了《大堡礁海洋公园区划》，采用与大堡礁海洋公园类似的区域目标、准入和使用规定，相当于对大堡礁海洋公园管理进行衔接补充，但在管理层级上，主

---

① Marine Park Act 2004（Amended up to 2017）pt3 div1 s21.

② Queensland Government, about marine parks, https://www.qld.gov.au/environment/coasts-waterways/marine-parks/about, last visit：2022/5/7.

③ Queensland Government, Great Barrier Reef Coast Marine Park, https://www.qld.gov.au/environment/coasts-waterways/marine-parks/about/gbrc, last visit：2022/03/14. 注：在大堡礁海岸海洋公园之前，大堡礁地区有4个昆士兰海洋公园——Mackay/Capricorn Marine Park、Townville/Whitsunday Marine Park、Trinity Inlet/Marlin Coast Marine Park 和 Cairns Marine Park。这些海洋公园被合并为大堡礁海岸海洋公园。

要还是由昆士兰政府管理。①

2. 新南威尔士州

新南威尔士州位于澳大利亚东南部，东濒太平洋，北邻昆士兰州，南接维多利亚州。根据新南威尔士州政府颁布的《1997 年海洋公园法》（*Marine Park Act* 1997），州长可就某区域宣布成立海洋公园，并就海洋公园的管理、保护及养护作出规定。② 2014 年，新南威尔士州政府废除了《1997 年海洋公园法》，将其中内容纳入《2014 年海洋资产管理法》（*Marine Estate Management Act* 2014）。根据《2014 年海洋资产管理法》，新南威尔士州政府可就海洋公园或水生生物保护区的使用或管理作出规定，包括：（a）在海洋公园或水生生物保护区内划区；（b）阐述每个分区的目标；（c）每个分区内允许或禁止的用途；（d）明确每个分区内的管理内容等。③

目前，新南威尔士州共设立了 6 个海洋公园，分别为拜伦角海洋公园、独岛海洋公园、斯蒂芬斯港五大湖海洋公园、豪勋爵岛海洋公园、杰维斯湾海洋公园以及贝特曼斯海洋公园。④ 以杰维斯湾海洋公园为例，该公园被定义为多用途公园，旨在保护海洋生物多样性的同时满足娱乐和商业用途需求。公园划分为保护区、生境保护区、一般利用区和特殊

---

① GBRMPA, zoning, https：//www.gbrmpa.gov.au/access-and-use/zoning, last visit：2022/04/14.

② Marine Park Act 1997 pt3 div1 s16.

③ Marine Estate Management Act 2014 pt5 div4 s42.

④ NSW GOVERMENT, marine parks, https：//www.dpi.nsw.gov.au/fishing/marine-protected-areas/marine-parks, last visit：2022/9/7.

利用区 4 种类型区域，每个区域都设置了不同的准入与禁止规则。①

四、小结

根据《1999 年环境保护和生物多样性保护法》制定的联邦海洋生物区域规划将澳大利亚海域分为 6 个区域，这 6 个区域成为联邦政府开展后续管理的基础。联邦政府就每个区域制定海洋生物区域规划（目前已制定 4 个），规划主要描述该区域的海洋环境和保护价值，并为战略和管理策略制定提供基础信息与数据；同时，在 6 大区域内，为更有效地管理联邦海洋公园，又制定了专门的海洋公园管理计划，将每个区域内的联邦海洋公园串联管理。在州层面，各州根据州级立法制定海洋公园区划。可以看出，澳大利亚在海洋生态系统的保护中十分重视通过建立海洋公园的方式来达到保护目的，虽然联邦与州的海洋公园管理相对独立，但出于保护跨界区域生态系统完整性的角度，常采用协作方式进行跨区域共同管理。

第二节　大堡礁海洋公园规划管理体系概述

大堡礁（Great Barrier Reef），位于澳大利亚东北沿海昆士兰州，沿昆士兰州海岸纵向分布，由 3 000 个珊瑚礁和 1 050 个岛屿组成，是世界

---

① a. 保护区：禁止所有形式的捕鱼和采集活动，以保护生物多样性以及具有文化意义的区域。仅允许进行不损害植物、动物和栖息地的活动。保护区占杰维斯湾海洋公园约 20% 的区域。b. 生境保护区：通过保护栖息地和减少高影响活动来保护海洋生物多样性。允许休闲捕鱼和某些形式的商业捕鱼。生境保护区占杰维斯湾海洋公园约 72% 的区域。c. 一般利用区：允许包括商业和休闲钓鱼在内的多种人为活动。一般利用区占杰维斯湾海洋公园约 8% 的区域。d. 特殊利用区：该区域主要为 Huskisson 码头和 HMAS Creswell 特殊利用区，主要满足现有基础设施的需要。特殊利用区占杰维斯湾海洋公园极少数区域。

上最大最长的珊瑚礁群，为世界自然奇观之一，也是澳大利亚标志性的身份象征，于 1981 年被列入世界遗产名录。除了珍贵的自然环境、生物多样性及生态价值外，大堡礁旅游业也十分发达，每年可为澳大利亚带来 52 亿美元的经济价值。[①] 鉴于大堡礁不可替代的地位，澳大利亚政府高度重视对该区域的保护，并通过立法和制度建设建立起了以保护为主的管理体系。

大堡礁管理体系的主要依据是《1975 年大堡礁海洋公园法》（*Great Barrier Reef Marine Park Act* 1975）（以下简称"《大堡礁海洋公园法》"）。该法支持保护和合理利用自然资源，引入了多用途海洋公园的概念并制定了具体管理制度，在当时极具开创性意义。[②] 该法最主要的目的是为大堡礁地区的环境、生物多样性和遗产价值提供长期保护与养护[③]。除此之外，还包括多方面的内容：促进包括旅游、教育、娱乐文化经济活动、科研等方面的大堡礁地区生态可持续利用；鼓励包括昆士兰州和地方政府、社区、原住民、商业和工业界有关人员和团体参与大堡礁地区的保护和管理；协助履行澳大利亚在环境和保护世界遗产方面的国际责任（特别是《世界遗产公约》规定的责任）。

该法为大堡礁的规划和管理搭建了较为完整的框架，主要内容包括设立大堡礁海洋公园管理局、设立大堡礁海洋公园、建立大堡礁海洋公园区划制度、编制管理计划和大堡礁展望报告。

---

① Commonwealth of Australia, Reef 2050 long-term sustainability plan, copyright commonwealth of Australia, 2015, p. 1.

② Kenchington, Richard A.; Day, Jon C., "Zoning, a fundamental cornerstone of effective Marine Spatial Planning: lessons learnt from the Great Barrier Reef, Australia" (2011) 15, *Journal of Coastal Conservation*, 271, 271; Day, Jon. C. et al., "Marine zoning revisited: How decades of zoning the Great Barrier Reef has evolved as an effective spatial planning approach for marine ecosystem-based management" (2019) 29, *Aquatic Conservation: Marine and Freshwater Ecosystems*, 9, 10.

③ Great Barrier Reef Marine Park Act 1975 (Amended 2020) pt1 s2A.

1. 设立大堡礁海洋公园管理局

大堡礁海洋公园管理局（以下简称"管理局"）为海洋公园的管理机构，隶属于农业、水和环境部（Department of Agriculture, Water and the Environment）。管理局可以就公园的保护和发展向农业、水和环境部提出建议，管理公园相关研究和调查工作，并负责编制公园区划（zoning plans）与管理计划（plans of management/management plan）。此外，管理局还负责管理议会及昆士兰拨出的经费使用，提供和安排与海洋公园有关的教育、咨询和信息服务等。①

2. 设立大堡礁海洋公园

大堡礁海洋公园体现了立体管理的思想，公园区域内的水体、海床、底土和水面上方空域均属于海洋公园管理范围。②

3. 建立大堡礁海洋公园区划制度

澳大利亚总督可以通过公告的形式指定某个大堡礁内的区块纳入海洋公园范畴。③ 管理局需就每个纳入的区块制定相应的区划制度。④ 大堡礁海洋公园第一个区块的区划于1983年正式公布，2003年完整的《大堡礁海洋公园区划》出台，整合了之前所有区划内容。

在就某区块拟制定区划之前，管理局必须以书面形式拟定一份关于该区块的环境、经济和社会价值的声明，说明该区块的现状以及拟保护目标，以作为区划的主要依据。区划编制前，管理局需要通过公告的形

---

① Great Barrier Reef Marine Park Act 1975 (Amended 2020) pt2 s7.

② 同① pt5 div1 s31。

③ 同① pt5 div1 s31。

④ 同① pt5 div2 s32A。

式声明计划编制区划并面向公众公开征求意见①，以书面形式将编制区划的原则报环境大臣批准，确定的原则必须涵盖拟编制区划的环境、经济和社会目标。② 在管理局完成编制区划后，必须再次公示并征求意见。管理局必须反馈所有收到的意见并完善区划。③ 管理局需要将区划连同征求公众的意见情况一同报环境大臣受理，环境大臣拟同意区划后，需报议会两院，议会两院审核无异议后即可公告声明该区划的实施日期。④ 此外，管理局必须以书面形式拟一份声明，说明该区划的预期环境、经济和社会影响以及预期效果。⑤

4. 编制管理计划

除了编制区划外，管理局可以对海洋公园内的一个或多个区域、物种或生态系统制定管理计划（plans of management/ management plan），管理计划是用于管理海洋公园的法定文件，其目标如下⑥：①确保海洋公园内管理局认为自然保育价值、文化及遗产价值或科学价值受到或可能受到威胁的特定地区，研究并拟定建议以减少或消除相关威胁；②确保对可能面临灭绝或濒危的物种和生态群落的恢复、持续保护和养护进行管理；③确保海洋公园范围内的活动是在生态可持续利用的基础上进行的；④为处理海洋公园某一特定区域的使用可能与该区域的其他用途或价值有冲突的情形提供管理依据；⑤在社区团体对有关地区有特殊利益的情况下，与这些社区团体联合管理这些地区；⑥管理海洋公园内的娱乐

---

① Great Barrier Reef Marine Park Act 1975（Amended 2020）pt5 div2 s32C.

② 同① pt5 div2 s34。

③ 同① pt5 div2 s35B。

④ 同① pt5 div2 s35C。

⑤ 同① pt5 div2 s35。

⑥ 同① pt5B s39Y。

活动。

管理局编制管理计划前需要通过公告的形式声明拟编制的计划，列出计划所涉及的区域、物种或者生态群落并公开征求公众意见。① 在充分考虑公众意见后，管理局即可开始编制管理计划。② 在管理局完成编制某项管理计划后，需要公告说明计划已经拟定，并再次征求意见，修改后的管理计划即可确认执行。③

5. 编制大堡礁展望报告（Outlook Report）

管理局必须每 5 年就大堡礁地区编制一份展望报告并提交给农业、水和环境部。目前，管理局已分别于 2009 年、2014 年和 2019 年编制了 3 份大堡礁展望报告。报告内容包括：①评估大堡礁区域内生态系统的当前健康状况以及区域以外的生态系统造成的影响；②评估区域内的生物多样性；③评估区域内的商业和非商业用途；④评估区域内生态系统面临的风险；⑤评估区域内生态系统的复原力；⑥评估区域内现有的管理措施；⑦评估影响区域内当前和预计未来环境、经济和社会价值的因素；⑧评估区域内生态系统的前景等。④

自 1975 年以来，《大堡礁海洋公园法》经过多轮修订，目前最新版本为 2020 年修订版，形成的方案在各方面已较为完整且明确，修改内容主要体现在以下几个方面。

1）规范区划编制流程

对区划从拟定编制到区划的审批进行了修改和完善，包括增加决议区划前公告，准备区划文件时公示，以及细化区划报环境大臣的流程和

---

① Great Barrier Reef Marine Park Act 1975（Amended 2020）pt5B s39ZB.

② 同① pt5B s39ZD。

③ 同① pt5B s39ZE s39ZF。

④ 同① pt7 div 1 s54。

区划提交议会后的决议流程。现行《大堡礁海洋公园法》对区划的整个流程规范已十分完备。

2）提高公众参与力度

现行《大堡礁海洋公园法》在公众参与方面的力度明显加强。对比最初的版本，现行法律要求在区划制定前、后均需以公告的形式征求公众的意见并书面回应，并且延长了公告的时间。此外，在区划制定过程中涉及的区划符合批准原则的报告，以及区划的环境、经济和社会评价报告也需要公开。

3）加强区划在环境、经济和社会方面的考虑

对比 1975 年的《大堡礁海洋公园法》，现行法律要求区划编制前需要以书面形式确定与拟编制区划有关原则并报环境大臣批准，确定的原则必须涵盖拟编制区划的环境、经济和社会目标。此外，还加入了区划编制前、后分别对区划与环境、经济和社会评价。

4）加强修改/废止区划的限制

对比早期版本，现行区划在修改/废止区划的条件上增加了限制，要求管理局必须要在区划实施或修订至少 7 年后才可以进行修改或者废止，并提交相关说明报告，提高了区划的权威性和严谨性。

5）丰富了区划的目标

现行方案中变化较大的一点是对区划目标上的修改，更加明确了海洋公园内保护的目标，具体见表 2-3。[①]

---

① Day, Jon. C. et al. , "Marine zoning revisited: How decades of zoning the Great Barrier Reef has evolved as an effective spatial planning approach for marine ecosystem-based management" (2019) 29, *Aquatic Conservation: Marine and Freshwater Ecosystems*, 9, Supplementary Information, 3.

表 2-3　1975 年和当前版本《大堡礁海洋公园法》的分区目标对比

1975 年分区的目标	现行版本分区的目标
保护大堡礁	保护海洋公园内具有高保护价值的区域
规范海洋公园的使用，以保护大堡礁，同时允许人类合理活动的准入	规范海域公园的使用，以便： （1）保护大堡礁区域内的生态系统； （2）确保对大堡礁的使用具有生态可持续性； （3）管理存在竞争关系的活动需求
［1975 年没有对应的目标］	保护和养护海洋公园的生物多样性，包括生态系统、栖息地、种群和基因
规范开发大堡礁区域资源的活动，以尽量减少这些活动对大堡礁的影响	规范开发大堡礁区域资源的活动，以便： （1）尽量减少这些活动对大堡礁的不利影响； （2）确保资源在生态上可持续地利用
［1975 年没有对应的目标］	保护大堡礁的世界遗产价值
［1975 年没有对应的目标］	规定原住民按照其传统用法合理利用海洋资源
保留大堡礁的部分区域供公众欣赏和享受	保留大堡礁地区的部分区域供公众欣赏和享受
保护大堡礁的某些区域处于自然状态而不受除科学研究目的以外的人为干扰	保护大堡礁的某些区域处于自然状态而不受除科学研究目的以外的外界干扰

第三节　大堡礁海洋公园区划及管理工具

　　大堡礁海洋公园规划管理体系由基本区划和划区管理工具组成。大堡礁海洋公园区划是大堡礁海洋公园空间规划多层管理机制中的一层，但也是最基础和重要的一层。区划配合在海洋公园范围内运用的其他划区管理工具（如划定偏远自然区、指定区，制定管理计划）和一些针对具体活动制定的措施共同构成了大堡礁海洋公园的空间规划和管理体系。

一、大堡礁海洋公园区划

（一）区划目标及范围

目前，大堡礁海洋公园区划的总面积约 34 万平方千米，范围从沿海低潮线向海延伸，包括澳大利亚昆士兰州毗邻的领海和部分专属经济区海域以及大约 70 个联邦岛屿。整个大堡礁公园海域的区划从 1983 年起逐块进行，完整的《大堡礁海洋公园区划》于 2003 年出台，整合了之前所有的区划内容。区划坚持保护海洋公园的世界遗产价值并适用生态可持续发展的原则，结合其他管理工具，保护大堡礁生态系统的生物多样性网络内受到高度保护的区域，同时提供可持续利用的机会；除了保护具代表性的生物多样性区域外，区划还通过分区对其他具有高保护价值的区域进行保护，如珊瑚礁、海绵床、海草床等一系列栖息地，以及重要的儒艮栖息地和其他特殊地区；大堡礁海洋公园作为一个多用途的区域，在加强对公园保护的同时，也允许开展部分娱乐、商业、研究和传统使用活动。[1]

（二）分区类型及管控要求

区划将大堡礁海洋公园划分为 8 个基本类型区域，实现管理范围的全覆盖，并对每个区域设置了准入和禁入的内容。每个分区都设置明确的目标，为其他尚未列出的活动开展提供了参照考量的标准。8 个基本分区如下。[2]

严格保护区（Preservation Zone）：严格保护区原则上禁止人员进入，除非得到书面许可，特别是严格禁止采掘活动。区域内可以进行研究活

---

[1] GBRMPA, Great Barrier Reef Marine Park Zoning Plan 2003, 2003, p. 1.

[2] 同[1], p. 4。

动，但必须持有许可证。而且需要说明该项研究的重点与海洋公园相关，并且在其他区域无法进行。严格保护区仅占大堡礁海洋公园面积不足1%。

海洋国家公园区（Marine National Park Zone）：海洋国家公园区是一个"禁止捕捞"的区域，没有许可证的捕鱼或采集等活动在该区域是被禁止的，但划船、游泳、潜水和帆船等活动可以进行。海洋国家公园区约占大堡礁海洋公园面积的33%。

科研区（Scientific Research Zone）：科研区一般位于科研设施附近。科研区有两类子区域：一类允许公众进入，开展潜水、游泳等"非捕捞"类的活动；另一类则不允许公众进入。科研区仅占海洋公园不足1%的面积。

缓冲区（Buffer Zone）：缓冲区的作用是保护和养护海洋公园的自然状态，同时让公众欣赏和享受该区域的自然环境。缓冲区内允许拖钓远洋鱼类。但其他形式的采掘活动，如海底捕鱼和鱼叉捕鱼等是被禁止的。部分缓冲区实行季节性封闭。缓冲区约占大堡礁海洋公园总面积的3%。

养护公园区（Conservation Park Zone）：养护公园区在加强对海洋公园的保护和养护的同时，允许适度的人类活动，包括轻度的采掘活动。大多数的采掘活动都允许在该区域进行。该区域对大部分的捕鱼活动有额外限制。

生境保护区（Habitat Protection Zone）：生境保护区旨在保护和管理敏感生境保证其免受损害。区域内允许部分合理利用的活动，禁止拖网捕鱼。生境保护区约占海洋公园的28%。

一般利用区（General Use Zone）：一般利用区是允许海洋活动开展最多的区域，在保护海洋环境的同时允许海洋合理利用。

联邦岛屿区（Commonwealth Islands Zone）：联邦岛屿区是指高于低水位线的区域，该区域不属于州管辖范围，由联邦政府管理并保护该区域，并提供符合该区域价值的设施和用途。

除联邦岛屿区外，上述分区的生态保护要求从一般利用区到严格保护区逐渐提升。每个区域对人类活动的准入、禁止或许可证申请的要求是不同的，并且也会限制某些活动的开展方式，具体见表2-4。

表2-4　大堡礁海洋公园（GBRMP）区划活动指南①

大堡礁海洋公园分区	一般利用区	生境保护区	养护公园区	缓冲区	科研区	海洋国家公园区	严格保护区
水产养殖	许可证	许可证	许可证*	×	×	×	×
诱饵网	√	√	√*	×	×	×	×
划船、潜水、摄影	√	√	√	√	√*	√	×
捕蟹（诱捕）	√	√	√*	×	×	×	×
捕捞观赏鱼、珊瑚和沙滩虫	许可证	许可证	许可证*	×	×	×	×
捕捞海参、鲑、热带岩龙虾	许可证	许可证	×	×	×	×	×
限制性收集	√*	√*	√*	×	×	×	×
限制性鱼叉捕鱼（仅限潜水）	√	√	√*	×	×	×	×
线钓	√*	√*	√*	×	×	×	×
网钓（诱饵网除外）	√	√	×	×	×	×	×
科学研究（限制性影响研究除外）	许可证	许可证	许可证	许可证	许可证	许可证	许可证
航运（指定航区除外）	√	许可证	许可证	许可证	许可证	许可证	×
旅游项目	许可证	许可证	许可证	许可证	许可证	许可证	×
传统海洋资源使用	√*	√*	√*	√*	√*	√*/	×

① Day, Jon. C. et al., "Marine zoning revisited: How decades of zoning the Great Barrier Reef has evolved as an effective spatial planning approach for marine ecosystem-based management" (2019) 29, *Aquatic Conservation*: *Marine and Freshwater Ecosystems*, 9, Supplementary, p. 15.

大堡礁海洋公园分区	一般利用区	生境保护区	养护公园区	缓冲区	科研区	海洋国家公园区	严格保护区
拖网捕捞	√	×	×	×	×	×	×
拖钓	√*	√*	√*	√*	×	×	×

注：√表示该活动是允许的；×表示在特定区域禁止某些活动；许可证表示只有在进行了评估并取得许可证的情况下，在适当的时候可以进行有条件的活动；* 表示有额外限制/情况使用（如对携带的渔具或诱饵网限制）。

大堡礁海洋公园区划主要是以生态保护为主，因此基本禁止开发强度较大的用海活动。从表2-4中可以看出，分区主要允许养殖、旅游和科研等活动的开展，但在保护程度越高的区域限制越多，如严格保护区原则上不允许人为活动进入。此外，部分人为活动需要在评估并取得许可证的情况下才能进入。

二、其他划区管理工具

在8个基本分区的基础上，大堡礁海洋公园管理还叠加了其他划区管理工具，主要包括偏远自然区（Remote Natural Areas）、指定区（Designated Areas）和管理计划（Management Plan），旨在对具体区域和保护对象提供有针对性的保护和保育措施。因此，叠加了其他划区管理工具的区域，不仅适用基本分区的管控要求，也适用其他划区管理工具的管控规定。

（一）偏远自然区与指定区

偏远自然区主要位于大堡礁海洋公园的北部，主要目的是为保障该区域免受海洋工程或人工设施干扰，尽可能地保持自然和低水平的开发状态以供公众休闲观光。因此，机动水上运动（包括高速船舶）、倾倒、填海、海滩保护工程、港口工程、船舶建造等在区域内都被禁止。[①]

　　指定区分为 3 类：特殊管理区（Special Management Areas）、航运区（Shipping Areas）和渔业试验区（Fisheries Experimental Areas）。其中，特殊管理区又根据保护目的和保护对象的不同进一步细分。航运区基本涵盖了除岛屿和礁石附近区域外的整个大堡礁海域，旨在引导船舶在海洋公园内有序航行，除特殊情况外（如营救等），区域内的活动仍然受基本分区以及其他指定区（如特殊管理区）的准入约束。此外，根据基本分区的要求，部分区域不允许使用捕鱼或收集的设备，船舶在驶入区域时，必须将设备固定或安放在船舶上。[②]

　　渔业试验区设立的初衷是为"大堡礁世界遗产区合作研究中心"（Cooperative Research Centre for the Great Barrier Reef World Heritage Area）提供开展关于线钓对大堡礁鱼类种群和生态系统影响的试验区域。该管理规定已于 2005 年失效。[③]

　　特殊管理区是根据拟保护的特定物种、生态系统、特定用途、自然与人文资源划分的管理区域，主要包括保护海龟、儒艮、鸟类筑巢地或鱼类产卵聚集地；保护文化或遗产价值；维护公共安全；保障公众休闲观光；应急响应（如船舶搁浅、漏油或海洋害虫暴发）；限制或禁止人员进入的海洋公园毗邻区域等。根据《2019 年大堡礁海洋公园条例》（Great Barrier Reef Marine Park Regulations 2019）的规定，特殊管理区目前有表 2-5 所示的几种类型。

---

① Great Barrier Reef Marine Park Regulations 2019（Amended 2022），pt2 div3 s40.

② GBRMPA，Great Barrier Reef Marine Park Zoning Plan 2003，2003，p.33.

③ 同①，包括 4 个岛礁区域：（a）叉礁（18-083）；（b）无名礁（21-139）；（c）无名礁（14-133）；（d）博尔顿礁（20-146）。

表 2-5 澳大利亚大堡礁特殊管理区类型①

类型	管控措施
物种保护（儒艮）特别管理区	严格限制区域内的商业捕捞活动（特别是限制渔具与捕捞方式，如布网方式、渔网长度、网眼大小等），以达到儒艮保护的目的
季节性关闭（近海带状珊瑚礁）特别管理区	在一年内的 1~8 月（包含），不得进行上层水面拖钓捕鱼活动；渔船必须一直系绑到商业主渔船上，不得分离
无分离式渔船（近海带状珊瑚礁）特别管理区	渔船必须始终系绑在主船上，不得分离
限制进入特别管理区	未经书面许可，不得使用、进入或限制进入
公共欣赏特别管理区	区域内不允许进行捕鱼（包括鱼叉捕鱼）、水产养殖活动
无分离式渔船（国家海洋公园区）特别管理区	区域内不允许将渔船从其主船上分离，除非用于应急救援或做摆渡船使用
允许单条分离渔船（养护公园区/缓冲区）特别管理区	区域内仅允许一条渔船与其主船分离
自然资源保护特别管理区	区域内不允许捕捞或采集，除非是经许可的研究活动或仅产生有限影响的研究活动，或拖钓诱捕水面上层的鱼种
海洋文化遗产保护特别管理区	没有管理部门的书面许可，区域内禁止进入沉船或接近沉船周围区域（100 米以内，非潜水艇或飞机除外），禁止抛锚或部署锚定设备，禁止捕捞和采集，除航行通过目的外，禁止船舶进入该区域
应急特别管理区	可指定区域用于保护一种或多种物种、保护自然资源、保护文化或遗产价值、公共安全、需要立即采取管理行动的紧急情况，可在同一基本分区内，或跨越不同基本分区划定。划区管理一般为 120 天，管理局可按照相关规定延长或缩短该时间。目前没有设置应急特别管理区
夏洛特公主湾特别管理区	夏洛特公主湾特别管理区保护海洋公园远北管理区夏洛特公主湾内的儒艮。特别管理区要求商业网渔民获得在夏洛特公主湾经营的许可证

---

① Great Barrier Reef Marine Park Regulations 2019（Amended 2022），pt2 div4 s44.

（二）管理计划

1. 目标

除了偏远自然区和指定区外，管理计划（Management Plan）也是除基本区划外的划区管理工具之一。根据《大堡礁海洋公园法》，大堡礁海洋公园管理局可对海洋公园内的一个或多个区域、物种或生态系统制定管理计划。管理计划旨在保护大堡礁海洋公园具体区域的自然保育价值、文化及遗产价值或科学价值，保护濒危物种和生物群落的恢复，解决区域使用冲突，联合利益相关者进行共同管理，为民众提供亲海观光空间，并确保海洋公园范围内活动的开展是在生态可持续利用的基础上进行的。

2. 现有管理计划及管控内容

管理计划内容通常分为两部分：第一部分主要介绍计划区域的价值、用途多样性以及存在的问题，并探讨管理局在解决问题方面的管理策略；第二部分则是明确执行管理策略的强制性条款和规定。[1] 管理计划涉及一系列的管理内容，包括保护栖息地与物种（珊瑚礁、儒艮、海龟、鲸鱼、海豚、鸟类等）、保护重要文化遗产、船只长度、团体规模、机动水上运动、停泊和系泊，以及其他船只/飞机限制。此外，管理计划在管理区域内根据使用情况进行重点区域分区，并对区域设定限制条件（如团体进

---

① GBRMPA, Cairns Area Plan of Management 1998（Amended 2008），Piv；GBRMPA, Hinchinbrook Plan of Management 2004, Px；GBRMPA, Whitsundays Plan of Management 1998, Pii.

入规模限制），并设置敏感区域对重点对象进行保护。①

目前，大堡礁凯恩斯（Cairns）、欣钦布鲁克（Hinchinbrook）和圣灵群岛（Whitsundays）3个区域已制定了管理计划，对区域内的具体问题采用针对性管控措施，以达到补充基本区划的管控效果。下文以"凯恩斯地区管理计划"为例进行说明。

凯恩斯地区管理计划（Cairns Area Plan of Management 1998）最早于1998年由大堡礁海洋公园管理局制定并公布实施，经过多次修订，现行版本为2008年版，适用的区域占海洋公园总面积的6%，属于凯恩斯/库克敦管理区域的一部分。该管理计划旨在保护大堡礁海洋公园与凯恩斯附近地区相关的特定区域价值，同时允许一些海洋使用活动。

凯恩斯管理计划主要针对凯恩斯/库克敦区域，该区域在基本分区类型上主要为生境保护区、养护公园区、海洋国家公园区、严格保护区、科研区等，主要用于保护自然价值，并可适度开展旅游的类型。

保护海洋公园的自然保育价值是该管理计划的主要目的②。因此，管理计划中针对保护对象进行了细致划分，包括珊瑚及相关生物、儒艮和海龟、鲸鱼和海豚、鱼类产卵聚集地、鸟类等内容，分别对其价值及当前存在的问题进行了定性分析，并制定了具体的保护措施，此外，也对文化遗产和科学研究进行类似的评述。以"珊瑚礁及相关生物"为例，③珊瑚礁及相关生物的价值在于：（1）健康的珊瑚覆盖层、岩层和底物，

---

① GBRMPA, Cairns Area Plan of Management, https：//www.gbrmpa.gov.au/access-and-use/access-and-use-by-location/cairns-area-plan-of-management, last visit：2022/04/11；GBRMPA, Hinchinbrook Plan of Management, https：//www.gbrmpa.gov.au/access-and-use/access-and-use-by-location/hinchinbrook-plan-of-management, last visit：2022/04/11；GBRMPA, Whitsundays Plan of Management, https：//www.gbrmpa.gov.au/access-and-use/access-and-use-by-location/whitsunday-plan-of-management, last visit：2022/04/11.

② GBRMPA, Cairns Area Plan of Management 1998（Amended 2008）, p.3.

③ 同②, p.3-5。

对规划区的价值和许多生态过程至关重要；（2）规划区有丰富且典型的珊瑚礁资源，许多珊瑚礁的珊瑚覆盖率和物种多样性较高，大多数近海暗礁都有独特的浅暗礁底栖生物；（3）保护一个正常运行、健康的珊瑚礁生态系统，是保护海洋公园并将其列入世界遗产名录的主要原因；（4）多样性、有韧性和多产的珊瑚礁生态系统是规划区大部分用途的基础（如科学研究、传统用海活动、采集和旅游，以及一些钓鱼和休闲用途）；（5）维持海洋公园作为一个自然、健康和受到良好保护的珊瑚礁生态系统，对国家和国际社会对大堡礁海洋公园的认可、展示和持续支持至关重要。

该区域存在的问题包括：（1）锚泊及其他人类活动，可能会导致珊瑚受损；（2）珊瑚受到的持续性破坏会随着时间的推移，对珊瑚质量、覆盖范围、组成等造成不可逆的改变；（3）缺乏人类活动对珊瑚造成的损害程度及长期影响的量化计算；（4）珊瑚在人类活动频率高的地方更容易受到破坏。

针对上述问题，提出的管理措施包括以下几点。（1）分区进行珊瑚保护管理，根据区划制度，未经有关许可，不得采挖珊瑚、破坏珊瑚，除非是取得许可证的珊瑚捕捞渔业。（2）监督游客合规锚泊时，避免对珊瑚造成损害，包括：（a）在有条件的情况下，在远离珊瑚的沙滩上锚泊；（b）根据船只的大小选择合适的礁石等。（3）管理局为减少或消除对规划区珊瑚及相关生物的威胁而采取的其他措施包括：（a）故意破坏、过失毁坏珊瑚或在规划区内的珊瑚区锚泊属犯罪行为；（b）在规划区内指定可利用的礁锚地；（c）限制大型船只和船舶停泊的区域；（d）设定每日最高游客量。

其中，对大型船只停泊的监管措施包括以下几点。（1）在评估大型船只的许可时，监管可要求申请人拟备一份锚定方案，以供监管批准，目的是尽量减少对珊瑚的潜在损害。（2）获批准的锚定方案必须包括：

（a）申请人需阐明如何停泊船只可对珊瑚的损害减至最低，包括如何在停泊时采用最佳的环保措施；（b）申请人希望列入获批准的船舶锚定方案内的拟议锚定地点清单；（c）说明根据（b）指定的锚定地点的珊瑚覆盖面积；（d）管理局合理要求的任何其他资料。（3）在考虑锚定方案时，管理局必须考虑锚定对环境的潜在影响是否在可接受范围内。

管理计划也对管理区域内的一些高频率使用的礁石和水域（在计划中已经明确具体位置）的用途管制作出了详细的规定①：（1）对各个地点的开发利用程度进行规定，根据每艘船或飞机进入区域的人数限制将地点的开发利用程度划分为集中利用区、适度利用区和低利用区，集中利用区不限制进入的团队规模，适度利用区要求进入的团队规模不多于60人，低利用区则不多于15人；（2）将具有高度自然保育价值、文化及文物价值、科学价值或利用价值的地点划为敏感区域，并对敏感区域作出专门的管理要求；（3）对系泊、浮船和永久系泊设施的建设作出要求；并根据可停泊船只长度，将可抛锚区分为礁石锚地（船只长度在35～70米）和指定锚点（船只长度小于70米）；（4）对会产生噪声的活动作出限制，包括机动水上活动、飞机等；（5）根据不同的旅游业务类型，对旅游经营的授权和经营性质作出限制。

管理计划第二部分主要是针对个人或团体制定的一系列强制性的条款，这些条款被规定在《2019年大堡礁海洋公园条例》中②，违反规定将会受到相应的处罚。该部分是执行管理策略的最主要手段，限制内容包括对船只停泊的区域、飞机的使用等一系列活动。例如，限制船员/机组人员的人数，限制船只停泊区域，限制飞机降落地点，人员进入敏感区域等。

---

① GBRMPA, Cairns Area Plan of Management 1998（Amended 2008），p.16-22.

② Great Barrier Reef Marine Park Regulations 2019（Amended 2022），pt14 s234.

下文将以凯恩斯管理计划中更具体的利泽德岛区域为例说明管理计划的制定逻辑和使用方式。

利泽德岛（Lizard Island），位于大堡礁海洋公园北部区域，距离约克角半岛上最大的市镇——库克镇直线距离约 90 千米，海岛面积约 10 平方千米。岛上有重要的鸟类筑巢和栖息场所，也有重要的科研和文化遗产（珊瑚礁）保护价值。根据大堡礁海洋公园区划，岛屿附近海域分为 4 种基本区，分别为养护公园区、科研区、海洋国家公园区和生境保护区，区域具体管控要求见表 2-6。

表 2-6　利泽德岛附近区划的准入要求

大堡礁海洋公园分区	养护公园区	科研区	生境保护区	海洋国家公园区
水产养殖	许可证*	×	许可证	×
诱饵网	√*	×	√	×
划船、潜水、摄影	√	√*	√	√
捕蟹（诱捕）	√*	×	√	×
捕捞观赏鱼、珊瑚和沙滩虫	许可证*	×	许可证	×
捕捞海参、鲑、热带岩龙虾	×	×	许可证	×
限制性收集	√*	×	√*	×
限制性鱼叉捕鱼（仅限潜水）	√*	×	√	×
线钓	√*	×	√*	×
网钓（诱饵网除外）	×	×	√	×
科学研究（限制性影响研究除外）	许可证	许可证	许可证	许可证
航运（指定航区除外）	许可证	许可证	许可证	许可证
旅游项目	许可证	许可证	许可证	许可证
传统海洋资源使用	√*	科研区	√*	√*/

大堡礁海洋公园分区	养护公园区	科研区	生境保护区	海洋国家公园区
拖网捕捞	×	×	×	×
拖钓	√*	×	√*	×

注：√表示该活动是允许的；×表示在特定区域禁止某些活动；许可证表示只有在进行了评估并取得许可证的情况下，在适当的时候可以进行有条件的活动；* 表示有额外限制/情况使用（如对携带的渔具或诱饵网限制）。

此外，利泽德岛周边还划定了特殊管理区中的自然资源保护特别管理区和公共欣赏特别管理区。自然资源保护特别管理区内不允许捕捞或采集，除非是经许可的研究活动或仅产生有限影响的研究活动，或拖钓诱捕水面上层的鱼种；公共欣赏特别管理区内不允许捕鱼（包括鱼叉捕鱼）和水产养殖活动。

根据凯恩斯管理计划，利泽德岛主要为娱乐用途，并兼具综合性价值，体现在鸟类保护、文化遗产和科学价值等方面。根据不同类型的保护对象和价值以及存在的问题提出了相应的管控策略，具体见表2-7。根据保护和管理要求，利泽德岛又细分为4个主要区域，如图2-2所示，具体保护目标、保护区域、存在的问题、采取的措施，以及据此形成的针对性管控要求，见表2-8。

表2-7 利泽德岛自然养护价值、存在的问题及策略

保护/利用价值	主要区域	存在的问题	采取的措施
鸟类保护价值	海鸟岛（区域4内）	（1）规划区内或邻近地区内，适宜鸟类繁殖和栖息的沙洲和岛屿数量有限； （2）鸟类繁殖与栖息易受噪声、干扰性活动等影响，导致多个品种鸟类繁殖成功率下降	（a）限制在附近区域作业的船只和飞机上的人数； （b）禁止在附近使用气垫船； （c）不得在岛上进行机动水上运动

续表

保护/利用价值	主要区域	存在的问题	采取的措施
文化遗产保护价值	区域1和区域4	（1）规划区内人类活动增加，对文化遗产造成压力； （2）规划区内自然保育价值下降，可能会影响文化遗产的价值和用途可持续性； （3）大型船只或载有大量人员的船只在某些地点频繁使用部分区域，可能损害文化遗产价值； （4）某些地方的不当使用可能会损害文化遗产价值	在保护有特殊价值的珊瑚礁基础上，维持现有用途，具体如下：（a）控制规划区旅游活动密集程度；（b）把使用率低的活动类别分配给具有重要文化价值的地点；（c）在具有重要文化价值地点限制使用系泊设施和浮船的数量；（d）指定部分地点为受特别保护的敏感区域等
科研价值	区域1	（1）适当研究是必要的，以提高对规划区的认识，并指导有效的长期管理； （2）科研活动需要部署科学设备和使用系泊设备； （3）某些人类活动，可能会对正在进行的研究项目造成不利影响； （4）科研活动可能会与商业及旅游用途产生冲突	保护具有高科研价值区域，确保符合规划区价值的科研不受限：（a）在科学研究区内或其他分区内为科研提供优先区；（b）科研工作许可不受管理计划约束；（c）为科研所需临时或者永久系泊设施的位置、数量提供许可；（d）限制区域1内可能影响科研的活动（超过7米船舶）；设置自然资源保护特别管理区管理该地区的部分捕鱼及采集活动，以保护特定科研地点

续表

保护/利用价值	主要区域	存在的问题	采取的措施
旅游娱乐 价值	利泽德 全岛	（1）人类活动的增多可能损害规划区的旅游娱乐价值； （2）大型永久性停泊设施可能损害规划区的自然风景价值； （3）噪声或干扰性的水上运动可能会损害规划区的价值	（a）根据区域已知价值、使用现状、生态承载力、珊瑚礁状况、设定区域使用程度；（b）限制用于旅游用途的船只和飞机数量

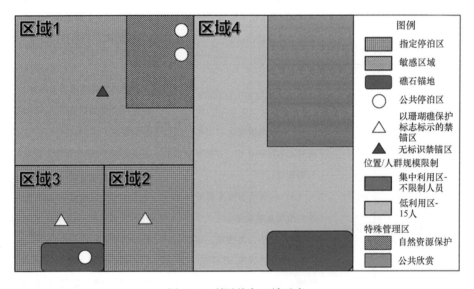

图 2-2 利泽德岛区域示意

表 2-8　利泽德管理计划要求

全域	区域 1	区域 2 和区域 3	区域 4
禁止机动水上运动	敏感区域	—	—
—	低利用区（每艘船或飞机最多载 15 人）；飞机必须保持在 500 英尺①以上飞行	集中利用区（人数限制由环境决定）	低利用区（每艘船或飞机最多载 15 人）
除有特殊要求外，35 米以下的船只可进入并抛锚；长度超过 35 米及不超过 70 米的船只，可在区域外或有条件的礁锚地抛锚	长度超过 7 米的船只不允许锚泊；35 米以下的船必须使用公共系泊处；不设预约限制；有 1 个私人系泊处	尽量使用公共系泊处；允许在系泊处 50 米范围内锚泊；区域 3 提供一个礁石锚地；长度在 35~70 米的旅游船泊可在区域 2 或区域 3 停泊（礁石锚地以外）；经预约的气垫船只能使用区域 2 的指定锚地；区域 2 有 7 个私人系泊处；区域 3 有 6 个私人系泊处	提供一个礁石锚地，并只能在系泊处锚泊；在刮北风情况下，大型船只可经批准进行锚泊
—	在自然资源保护特别管理区（美人鱼湾、利泽德）内，只允许用拖网和鱼饵网捕捞远洋物种	—	在公众欣赏特别管理区不允许限制类鱼叉捕鱼、收获渔业或水产养殖作业

　　从利泽德岛的管理可以看出，在区域划分上主要以保护价值为依据，而制订管理计划主要是以问题为导向。每个区域根据当前存在的问题以及可能会对保护价值产生的影响，针对人员进入规模、船只停泊等具体

――――――――

　　①　编者注：1 英尺≈0.304 8 米。

事项设置要求，以保护利泽德岛自然养护价值。

综上所述，澳大利亚大堡礁海洋公园管理体系的构建，是在一个大的基本分区（大堡礁海洋公园区划）基础上，通过其他不同的划区管理工具层层叠加形成的（图2-3）。

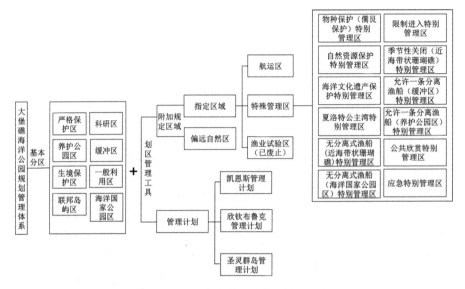

图2-3　大堡礁海洋公园管理体系示意

澳大利亚大堡礁海洋公园的基本区划主要从准入方面对人为活动作出概述性规定。基本分区覆盖全部管理范围，每个分区也有明确的准入和禁入内容，这是澳大利亚大堡礁海洋公园海洋空间规划多层管理机制中最基础和最重要的一层，属于大尺度的管理工具。

在此基础上，为了对更具体的区域和保护对象提供有针对性的保护和保育措施，管理部门又叠加了其他划区管理工具，包括附加规定的三类指定区域和偏远自然区。指定区通过明确具体的保护物种（如儒艮）、对象（如沉船）或限制某种开发利用方式（如不允许进行捕鱼和水产养殖活动）来实现对某些重要区域的针对性管理。除了划定指定区外，还在部分区域通过制定管理计划，开展更为详细的规划，以更精准地管理人类活动。管理计划与指定区的相关规定一并运作，对基本区划管控进行有效的补充。尽管这些区划管理手段和具体活动的管理措施都有各自的法律依据和目标，但当这些措施运用到大堡礁海洋公园时都必须遵循相应的区划目标和要求。

第四节　讨论与思考

澳大利亚海洋空间规划体系具有明显的环境保护优先和州高度自治的特征，具体主要体现在以下几点。

一、联邦与州政府协作管理

作为联邦制国家，澳大利亚各州在立法和管理方面享有高度自治权。澳大利亚联邦政府主要管理联邦管辖海域，各州（自治区）海域则由州（自治区）政府管理。联邦可以与州（自治区）合作管理，将联邦的规划范围延伸至州管辖海域，以保障海洋生态系统的区域完整性。因此，各州政府在制定海域管理制度时，通常会参考联邦的管理内容，做好衔接工作。

澳大利亚联邦在对海洋生态保护的规划上呈现"全海域-保护区网络"的管理层级模式。《1999 年环境保护和生物多样性保护法》是澳大利亚联邦政府制定海洋生态保护相关规划的一个重要法律依据。根据该法，将澳大利亚海域分为 6 个区域，构成了联邦政府开展海洋管理的宏观基础。此外，依法制定的海洋生物区域规划中所研究的海洋环境、保护价值以及制定的策略和具体行动也为后续其他管理工具奠定了基础和主要目标。

在此基础上，联邦政府通过建立海洋公园网络的方式对重点区域进行细化分区，并通过网络化管理的方式将各海域的海洋公园串联，依据世界自然保护联盟标准对公园进行分类以开展系统化管理，各公园内实行严格的分区用途管制。这种构建海洋公园网络管理的方式，形成了从点到线、从线到面的管理体系，保持各个公园之间的连通性，达到了每个公园的保护目标，也有利于联邦在管理层面上的集中管控。

在州层面，各州根据州级立法制定海洋公园区划。州级海洋公园管理是对联邦管理的一种补充，虽然州和联邦在管理层面相对独立，但两者的分区类型相似且可形成互补，为保障生态系统的完整性也常会采用协作管理的形式以达成联邦和州之间的合作。

联邦与州政府协作不仅能避免管理上的冲突，而且是大生态系统规划方法的实践。在联邦层面，无论是海洋生物区域规划的大范围全覆盖，还是联邦海洋公园网络的搭建，均将海洋生态系统保护延伸至专属经济区；联邦与州的协作又进一步将生态保护管理拓展至全域范围，总体上形成了一个从海岸线至专属经济区的全域管理模式，以保障澳大利亚管辖海域范围内海洋生态系统的完整性。此外，澳大利亚联邦海洋公园的管理主要以世界自然保护联盟分类为依据，也更能体现澳大利亚在保护世界遗产价值方面的贡献与作用。

目前，我国主要海域开发利用与保护制度的建立与实施局限在领海范围内，对于领海线以外的毗连区、专属经济区等尚存有管理上空白情况，各种在领海线外区域的人为活动都较为谨慎。澳大利亚在专属经济区设立的生物区域规划和网络状海洋公园管理模式，可以为我国开启以海洋生态保护为目的的专属经济区管理提供参考。以国际标准为依据，在领海线外建立海洋保护区，并分海区建立保护区管理网络，这样不仅可以做到对领海线外海洋生态的有效保护，也便于在国际社会上达成共识。

二、基于生态系统的保护

诸多学者认为，大堡礁海洋公园的管理是基于生态系统管理来安排海域多用途利用的典型案例。大堡礁海洋公园规划基于对生态系统的保护制定其总体目标，并据此来管理人为活动的开展，以保护大堡礁的自然价值；通过科学投入、社区参与等方式不断完善对大堡礁基础资料的累积，从而更好地实现海洋保护区生物多样性的目标。[1] Smith 等学者认为，大堡礁海洋公园基于生态系统方法的管理主要用于处理不同用海活动或者要素之间的相互作用或重叠的问题，并且建立大堡礁海洋公园管理局以对所有要素进行管理，处理要素之间重叠冲突的矛盾。[2] Ruckelshaus 等学者提出，大堡礁海洋公园的管理是在平衡保护与利用的关系，即不仅要增加对生物多样性的保护，同时还要尽量减少对现有使用人的影响（包括商业和休闲渔业），而要实现这两个目标就需要通过科学投入和社区参与的综合性计划。他们认为，大堡礁的管理决策是基于一系列的生物物理作用原则和一套社会、经济、文化和管理可行性操作原则共同实现的。[3]

大堡礁海洋公园基本区划制度的主要目标是规范海洋公园的开发活动，以保护大堡礁地区的生态系统，确保资源的生态可持续利用，保护公园的生物多样性。通过对大堡礁区域的本底资料分析，确定区划的主要类型，并重点保护稀缺生物资源；但在区划中并不完全排除人类活动，而是通过准入原则限制人类的开发利用活动。区划制度事实上可以看作

---

[1]　Smith, David C. et al., "Implementing marine ecosystem-based management: lessons from Australia" (2017) 74, *ICES Journal of Marine Science*, 1992.

[2]　同[1], 1999。

[3]　Ruckelshaus Mary et al., "Marine Ecosystem-based Management in Practice: Scientific and Governance Challenges" (2008) 58, *BioScience*, 60.

是对大堡礁区域的底线式要求，通过对较大尺度范围内的生态系统要素（包括人类活动）的识别和限制，以达到平衡生态保护和开发利用的目的。此外，大堡礁区域内还针对一个或多个区域、物种或生态系统制订了更为细致的管理计划，不仅达到保护的目的，而且能满足人类轻度活动的需求。

近些年，在生态文明建设的大背景下，海洋生态环境保护在我国受到了越来越多的重视。但如何平衡开发利用和生态保护，仍然是一个难题。从澳大利亚的经验中可以发现，在开发和保护之间需要找到主要矛盾点和平衡点。对于生态环境保护，可以参考澳大利亚的方法挑选优先处理事项，如重点保护物种或者生境，作为一段时间的保护目标并针对性制定策略进行保护，又或者对环境影响较大的人类活动做更加严格的限制。

事实上，我国的国土空间规划已经体现了生态系统方法的理念。《若干意见》中明确："坚持节约优先、保护优先、自然恢复为主的方针，在资源环境承载能力和国土空间开发适宜性评价的基础上，科学有序统筹布局生态、农业、城镇等功能空间，划定生态保护红线、永久基本农田、城镇开发边界等空间管控边界以及各类海域保护线，强化底线约束，为可持续发展预留空间。"本轮国土空间规划以"三调"数据作为规划现状底数和底图基础，在资源环境承载力评价和国土空间开发适宜性评价的基础上开展空间规划，以识别和保护关键生境为出发点，安排相应的资源、空间保护和开发利用活动，并提出了明确的约束性指标体系，使空间管理更具有科学性。

生态系统方法应用的保障是基于对生态系统认知，相较于国外的情况，我国海洋科学调查研究的历史较短，长期的、连续的观测和监测数据还比较缺乏。20世纪七八十年代，为掌握我国海岸带自然资源条件和社会经济现状，以便科学地综合开发利用海岸带和海涂资源，国务院统一组织各省开展省海岸带和海涂资源综合调查。调查的基本任务是查清海岸带和海涂资源的类型、数量和质量，取得各种自然环境要素和有关社会经济条件的基本资料，并对资源状况和环境条件进行科学的分析和评价。自 2004 年起，我国开展了历时 8 年的近海海洋综合调查与评价（"908"专项调查），全面且系统地对我国近海进行调查和评价，构建了我国第一代数字海洋系统，取得了一大批填补国内外空白的原创性成果。目前，广东省已启动新一轮的海洋本底调查工作，包括海域海岛地形地貌调查、近海海底管线核查、近海海底沉积类型调查等方面内容，以满足广东省国土空间规划编制、海洋生态修复、海洋经济建设、海洋防灾减灾等在海洋本底数据方面的需求。其他沿海省也在逐步启动相关的调查工作。但由于我国海域范围辽阔，海洋环境多样且复杂，使海洋调查工作难度大且任务重，需要花费大量的人力、物力以及时间。因而截至目前，在各沿海地市均没有系统且完整的结果，这给海洋管理产生较大的阻碍。

三、层层叠加的精细化管理模式

大堡礁海洋公园管理作为澳大利亚经典的海洋公园管理案例之一，是典型的叠加式生态优先管理模式，即"区划+管理制度"的模式。2003年，大堡礁海洋公园区划对于基本分区的准入要求基本涵盖了可能在公园内进行的人类活动，通过禁止与允许的方式管理这些活动，既保护了大堡礁海洋公园的生态环境，又实现了合理利用自然资源的目的。为了进一步加强对诸如总量控制、重点区域管控等方面的细化管理，大堡礁海洋公园的管理又叠加了多个其他划区管理工具，包括设置指定区、编制区域管理计划等（图 2-4）。

前文所述的利泽德岛管理便是一个典型案例。利泽德岛位于凯恩斯/库克敦区域，其附近海域的使用不仅要遵守基本区划的准入禁止

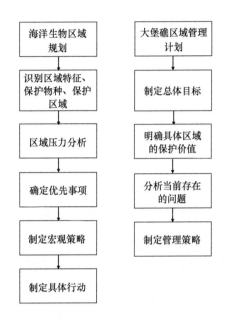

图 2-4　海洋生物区域规划和大堡礁区域
管理计划制定思路

要求，还要满足设置的指定区域以及凯恩斯管理计划的要求。根据基本区划，利泽德岛附近海域的渔业活动受到了一定的限制，并且旅游、科研等活动必须获得许可证才能进行，而为了加强对利泽德岛部分区域的自然资源保护以及满足旅游娱乐的需求，还设立了两个特别管理区。此外，为了解决利泽德岛附近海域存在的问题以及可能会对保护价值产生的影响，凯恩斯管理计划又进一步针对人员进入规模、船只停泊等具体事项设置要求。在这种层层叠加的管理模式下，利泽德岛附近海域的管理逐渐细化，不仅达到了保护要求，平衡了人为活动，也让管理措施更具体且易于监督。

　　可以看出，大堡礁海洋公园空间治理是多个管理工具共同作用的结果。当然这并不能否定区划本身的重要意义，区划是从最基础以及全海域覆盖的程度上对大堡礁海洋公园进行管理。这种层层叠加的精细化管理模式需要有一个总体目标作为指导，并且需要有一个基础性区划/规划作为保障，其他管理工具在此基础上开展。

大堡礁海洋公园区划与管理工具最主要的目标是生态系统保护，这种"保护中利用"的治理模式可为我国海洋生态保护空间的管理提供参考。2022 年 8 月，《自然资源部　生态环境部　国家林业和草原局关于加强生态保护红线管理的通知（试行）》发布，明确除自然保护地核心区外的生态保护红线区允许准入的 10 类对生态功能不造成破坏的有限人为活动。但具体的管控要求（如用海方式）仍有待进一步细化。除了对准入项目的具体类型、方式、强度进行细化明确以外，具体到不同的生态保护红线，特别是有开发利用需求的区域，有必要从"规则管控"向"空间落地"，进一步进行精细化管理。而开展红线区域的详细规划不失为具象红线区域保护和使用的管控手段之一；即当某红线区域存在准入类型的利用需求时，要求进行拟利用区域的详细规划编制。采用管控规则、法定图则等对项目的用海方式、开发程度、利用效率进行规范，对红线区域进行精细化管控。

四、目标导向和问题导向相结合

澳大利亚在各级规划中使用了目标导向和问题导向相结合的方法，以明确规划的目标与措施。管理部门在本底调查与评估的基础上，明确拟规划区域的保护价值和目标，并评估人类活动对保护价值和目标所造成的压力或不良影响。针对这些压力和不良影响，采取相应的管控措施。例如，海洋生物区域规划，旨在促进海洋环境及其资源的生态可持续利用。规划中优先识别海洋区域的特征、保护物种和保护区域，并进行区域压力分析，分析由于人类活动所造成的对 3 种识别类型所产生的不利影响，从而确定需要优先保护的生态特征区和物种，以及需要优先考虑和解决的问题，据此制定明确的策略和具体的行动。同样，大堡礁区域的管理计划旨在保护大堡礁内的价值。管理计划中明确具体区域中的自然保育价值、文化及遗产价值或科学价值，并分析当前存在的问题，从而探讨并制定解决问题的管理策略。可见，澳大利亚在制定具体策略时会遵循"总体目标—具体目标—存在问题—对策策略"的思路，保证制定的策略有的放矢、切实可行，既能实现目标又能解决问题。

在我国空间规划改革体系前的涉海规划编制中，即使是强调落实性的地方规划，也存在规划逻辑构建不完善的情形。总体目标较为宏观、具体目标（尤其是量化）缺位，针对目标实现的管控要求或管理措施的对应以及目标与指标之间的联系等，大多不能形成一个完整的逻辑链条。这样既减弱了规划实施的有效性，也不利于规划的监测评估。因此，底数评估、保护或发展目标确定、问题分析、配套对策的规划编制逻辑，是国土空间规划正在落实的必要内容。

五、多层级法律保障

无论是澳大利亚联邦制定的管理制度还是州政府制定的管理制度，都可以在相关法律上找到对应的要求。表2-9列出了本章中所介绍的主要规划/区划的法律依据。可以看出，较为完善的法律法规体系促使了区划/规划体系的建立，并且也支撑了其他的管理工具（如区域管理计划等）的实现。澳大利亚还根据管理的需要出台了内容更详细的管理条例（如大堡礁海洋公园管理条例），将管理工具中设定的管控手段进一步明确，并施加惩罚制度以保证其有效地实施。

表 2-9　澳大利亚部分规划/区划及其对应的法律依据

	制度	法律	条例	备注
联邦层级	海洋生物区域规划	1999 年环境保护和生物多样性保护法	第 176~177 条	
	联邦海洋公园管理网络	1999 年环境保护和生物多样性保护法	第 365~373 条	
	大堡礁海洋公园区划	1975 大堡礁海洋公园法	第 32~37A 条	
		2019 年大堡礁海洋公园条例	第 12~64 条	规定特殊管理区
	管理计划（大堡礁区域内）	1975 大堡礁海洋公园法	第 39V~39ZI 条	
昆士兰州	海洋公园区划（大堡礁海岸海洋公园区划、大沙海洋公园区划、摩顿湾海洋公园区划）	2004 年海洋公园法	第 21~28 条	
新南威尔士州	海洋公园区划（拜伦角海洋公园区划、独岛海洋公园区划、斯蒂芬斯港五大湖海洋公园区划、豪勋爵岛海洋公园区划、杰维斯湾海洋公园区划、贝特曼斯海洋公园区划）	海洋资产管理法 2014	第 42 条	

　　法律中对规划等内容的规定是较为具体的，例如，《大堡礁海洋公园法》中对制订管理计划的要求，明确规定了管理计划编制的责任主体、主要实施对象以及管理目标，并规范了管理计划从提案到最终出台实施、修订、宣布失效的全过程。这种形式的法律规定让后续管理计划的编制有了一个明确的基础和流程，保证了管理计划内容的切实有效。

第三章

德国海洋空间规划

第一节 德国规划体系概述

一、德国陆地规划体系

德国位于欧洲大陆十字交叉口，毗邻北海与波罗的海，拥有约2.3万平方千米内水与领海，以及3.3万平方千米专属经济区。[①] 德国是欧洲最早开展海洋空间规划的国家之一，目前已经完成了包括波罗的海专属经济区海洋空间规划、北海专属经济区海洋空间规划、石荷州波罗的海和北海领海海洋空间规划、梅前州波罗的海领海海洋空间规划、下萨克森州北海领海空间规划5个区域级规划。[②]

在探讨德国海洋规划体系前，先简要介绍德国现行规划体系的大致

---

① EU MSP platform, MSP Country Information Profile Germany（2022）.

② 2009 版德国北海与波罗的海专属经济区空间规划为两部规划文件，2021 版两个区域的规划合并成为一部规划。

情况。目前，德国空间规划层级大体可分为联邦（国家）级（federal spatial planning）、州级（state spatial planning）与地方级（local planning）。其中，州级规划可细分为州级规划和区域规划两个层级，地方级规划可细分为预备性土地利用规划和约束性土地利用规划两个层级。建立德国规划体系最主要的法律依据就是 1965 年出台的德国《联邦空间规划法》（*Raumordnungsgesetz*）。该法经过 1993 年、1998 年、2004 年和 2017 年 4 轮修订。2004 年《联邦空间规划法》的修订，将该法的适用范围扩展至专属经济区，成为德国开展专属经济区海洋空间规划的法律基石，2017 年的修订则将《欧盟海洋空间规划指令》（Directive 2014/89/EU, *Marine Spatial Planning Directive*）的相关规定纳入国内法进行落实。①

（一）联邦级规划

根据《联邦空间规划法》，除了在专属经济区外，联邦政府在领陆与领海范围内，无制定法定结构性规划（具有法定约束力的规划文件）的权利，而仅能制定包含国家空间规划框架、基本目标与原则的指导性规划文件，作为指导较低层级规划、行业规划及其他空间安排相关制度的上位框架，发挥国家顶层规划指导作用。

20 世纪 90 年代以来，德国联邦政府共发布了 3 个联邦级空间规划文件，现行规划文件为 2016 年发布的《德国空间发展理念和行动战略》（*Concepts and Strategies for Spatial Development in Germany*）。该文件是指导州级空间规划的法定依据以及行业规划的上位依据，提出了"调控和可持续土地利用""塑造气候变化和能源体系转型""提升竞争力"和"保

① Directive 2014/89/EU of the European parliament and of the council of 23 July 2014 establishing a framework for maritime spatial planning, OJ L 257, 28. 8. 2014, p. 135-145.

障公共服务供给"4 项理念，主要内容见图 3-1。①

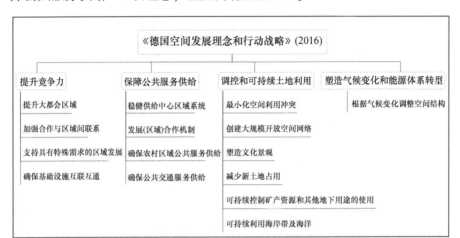

图 3-1　《德国空间发展理念和行动战略》（2016）内容框架

　　除了顶层的规划性文件外，联邦政府可以通过在空间规划、城市规划和行业规划方面的立法权，经济、金融和运输政策工具以及行使联合责任的方式对其国家的领土空间产生重要的影响。② 联邦级规划和州级规划也会为应对气候变化、减少温室气体排放等宏观层面的问题进行相关规定。

　　同时，联邦规划机构——德国联邦运输和数字基础设施部（Federal Ministry of Transport and Digital Infrastructure，BMVI），通过包括空间规划报告，对州和地区空间结构性规划进行反馈，参与欧洲空间发展概念的制定，为空间规划部长会议制定指导方针和行动计划，开展研究与试点项目等"软性措施"，对行业政策和欧盟政策进行影响。

---

① Elke Pahl-Weber, Dietrich Henckel eds., The Planning System and Planning Terms in Germany (2008), p. 38.

② 同①, p. 38-43。

（二）州级规划

联邦规划性文件中确定的空间规划目标与原则构成了德国 16 个州的空间规划框架，决定了州级区域规划的空间发展目标。根据《联邦空间规划法》第八条，各州均需编制一个覆盖各州管辖范围的整体规划，将联邦级规划的指导原则和规划原则因地制宜地进行落地。

州级规划的主要内容包括空间结构、中心区域结构、上级基础设施，以及潜在的定居区和开放区分布，为各州的发展、秩序与安全提供更为具体的原则性规定（principle）与约束性规定（objective）。[①] 根据《联邦空间规划法》，规划的约束性规定是指在规划中以文本或图件形式规定的必须遵守的要求；规划的原则性规定是根据目标制定的，在规划实践中需要遵守或作出决策时需要酌情考虑的一般性说明。除了明确州级空间发展的原则性规定、约束性规定、定居区和开放区的布局外，根据《联邦空间规划法》第七条，州级规划还需明确区域的用途和功能，进行功能区的划定，根据区域对于某行业/用途发展的重要性，可分为优先区、预留区和适宜区（如风电优先区、风电预留区、风电适宜区）。

优先区是指该区域优先某个特定功能或用途对空间的使用，如果拟进入该区域的其他功能和用途与该特定功能不兼容，则特定功能可以排他性使用该区域。

预留区是指这些区域为某个特定功能或用途的使用提供预留空间，在其他不可兼容的功能或用途拟利用该区域时，确定预留的特定功能或用途会给予重视与倾斜。

适宜区是指这些区域更强调空间规划对某些类型或活动发展的控制

---

① 这里根据德文与英文的版本原本应翻译为"原则"和"目标"，但这样的翻译与中文含义的原则和目标不符，因此，此处翻译采用意译处理。

性要求，即针对某种类型的活动或用途进行适宜性区域指定后，原则上，这类活动或用途不允许在这些区域外进行。

根据《联邦空间规划法》，州级空间规划又可分为两个层级，州级空间规划与地区空间规划。州级空间规划涉及整个州的发展，地区空间规划涉及州的某些具体区域。在柏林、不来梅和汉堡等市，根据《建筑法》第五条编制的预备土地利用规划（preparatory land-use plan）与州级规划发挥同等作用。

在德国这个自上而下和自下而上的混合规划体系中，州级规划机构必须确保联邦级规划和州级规划所设定的约束性规定与原则性规定在地方级规划中予以充分考虑，并且州级规划的制定也会征求及采纳地方政府建议，并协调地方发展目标与上级规划的目标，旨在确保城市土地利用规划不会阻碍且支持州级空间规划发展的目标，以避免地方发展的错误投资。[1]

目前，德国 16 个联邦州共有超过 100 个地区规划，一般称为"地区空间发展规划"。地区规划是跨地方、跨行业以及前瞻性的区域空间规划。地区规划的编制主体、发布形式（法令、地方政府规章或其他特殊类型的政府措施）因各州的规定不尽相同。[2]

总体上，地区规划必须符合联邦级和州级空间规划，并对州级空间规划目标进行更详细的阐述、行业整合以及实施，扮演着州级空间规划和地方城市土地利用规划的衔接角色。但是地区规划也可以因地制宜地设定一些特殊的原则或目标。

---

[1] Elke Pahl-Weber, Dietrich Henckel eds., The Planning System and Planning Terms in Germany, 2008, p. 73-78.

[2] 同[1]。

（三）地方级规划

地方城市土地利用规划是依据《联邦建筑法》（*Federal Building Code*）所制定的以控制土地用途为中心的法定规划，由城市或自治市的规划机构编制。地方城市土地利用规划可再细分为两个层级：预备土地利用规划（preparatory land-use plan）和约束土地利用规划（building land-use plan）。预备土地利用规划是确定整个城市的土地使用类型的土地使用规划（框架类管理工具）①。约束土地利用规划是具有强制性约束力的城市分区发展规划，该规划更为详细，定义了土地使用的功能和强度、基本的城市设计原则以及公共基础设施的分配。

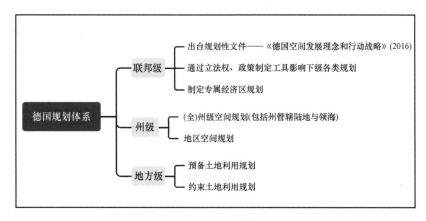

图 3-2　德国空间规划层级示意

二、德国海洋空间规划体系

按照州政府和联邦政府的管辖范围，德国海洋空间规划分为领海空

———————

① Elke Pahl-Weber, Dietrich Henckel eds., The Planning System and Planning Terms in Germany, 2008, p. 79-83.

间规划与专属经济区空间规划。德国领海空间规划与专属经济区空间规划均有国内法基础，领海空间规划属于州政府的权限，沿海州的州级规划包含领海空间规划的内容，专属经济区空间规划由联邦政府负责。

（一）德国领海空间规划

截至 2024 年底，已经编制领海空间规划的州包括下萨克森州（Lower Saxony）、梅克伦堡－前波莫瑞州（Mecklenburg-Vorpommern，简称"梅前州"）以及石勒苏益格－荷尔斯泰因州（Schleswig-Holstein，简称"石荷州"）。每个州领海空间规划的详略程度与重点不尽相同，下文仅做简要说明。

1. 下萨克森州规划

下萨克森州位于德国西北部，西部与荷兰接壤，是德国面积第二大的州。下萨克森州规划由州食品、农业和消费者保障部（The Ministry of Food, Agriculture and Consumer Protection of Lower Saxony）负责编制，最终由州政府负责发布。

现行实施的下萨克森州规划，最后一次修订于 2017 年。下萨克森州规划涉海方面的内容主要划定了优先区和适宜区，优先区包括 Natura 2000 保护区、国家公园和航运区，并划定生物群落系统的廊道及边界。适宜区包括试验性风电区，并划定试验性风电限制开发边界。规划还明确了海洋保护利用的约束性规定与原则性规定，主要目标包括：避免、减少下萨克森州沿海区域的使用冲突；保护东弗里斯兰群岛岸线免受风暴潮和水土流失的破坏；保护脆弱海洋生境与瓦登海国家公园；保障沿海和东弗里斯兰群岛旅游业发展；保障航运安全便利与航运功能；疏浚物的处置问题；试验性风电的建设要求；海底电缆铺设及登陆点的要求等。[1]

2. 梅前州规划

在德国《联邦空间规划法》2003—2005 年进行立法调整期间，梅前州是首个将领海区域纳入州级发展规划的沿海州，梅前州规划于 2005 年发布实施。现行梅前州规划（最后修订于 2016 年）的领海部分的内容与德国专属经济区的规划的内容相似，即采用"分区+约束性规定+原则性规定"的形式对领海区域内重点海洋保护利用活动的优先区、预留区以及一般性和具体性的管控要求予以明确。分区包括：海上风电优先区、试验性海上风电优先区、海上风电预留区、航运优先区、航运预留区、海岸带保护优先区[2]、海岸带保护预留区、海砂开采预留区、自然保护与景观管理海洋优先区、自然保护与景观管理海洋预留区、海底路由走廊（优先区）、海底路由预留区、海洋旅游预留区和海洋渔业预留区等。[3]

3. 石荷州规划

石荷州规划由州农村、融合与平等部（the Minsitry of the Interior Rural Areas, Integration and Equality of the Federal State of Schleswig-Holstein）负责编制。与梅前州相似，石荷州州级规划涉海部分也采用了明确约束性规定与原则性规定并划定优先区和预留区加管控规则的方式。石荷州州级空间规划于 2021 年更新，规划涉海空间分区包括旅游娱乐优先区、旅游娱乐发展区、自然保护优先区、国家公园、自然与景观预留

---

[1]　The Ordinance on the Lower Saxony Spatial Planning Programme（2017）.

[2]　主要从防灾与挖砂因素考虑。

[3]　Landesverordnung über das Landesraumentwicklungsprogramm（2016），注：目前仅有德语规划文件。

区、航运优先区、航运预留区、海砂开采区①和海底电缆区等。②

(二) 德国专属经济区空间规划概述

1. 规划定位

德国专属经济区制定海洋空间规划的法律依据是《联邦空间规划法》，该法原管辖范围限于德国陆地领土与领海。2004 年，《联邦空间规划法》进行了修订，适用范围延伸至专属经济区。该法最近一次修订是在 2017 年，加入了执行欧盟海洋空间规划指令的相关内容。

如上文所述，联邦政府在陆地规划层级并无制定结构性规划文件的权利，而是通过指导性文件对国家整体的规划事务作出安排。因此，专属经济区空间规划是联邦政府唯一在联邦层级可制定的结构性规划文件。专属经济区的规划框架不仅是在新领域开展的一个新规划，也代表了德国联邦政府在规划编制实施方面的新角色。从历史上来看，陆地规划一直是各州的责任，而联邦政府只是提供原则性政策指导。有鉴于此，有学者评论到"事实上，德国专属经济区空间规划抓住了将海洋腹地领土化的机会，符合欧盟的愿望；规划过程赋予了联邦政府前所未有的权利，加强了国家对专属经济区的控制感，以及对其内活动的安排。"③

根据《联邦空间规划法》第十七条，德国联邦内政、建筑和社区部 (Federal Ministry of Interior, Building and Community, BMI) 应与有关联邦部委协调合作，为德国专属经济区制定具有约束力的空间规划。联邦内政、建筑和社区部下设的联邦海事和水文局 (Federal Maritime and Hy-

---

① 仅用于修复海岸。

② Landesentwicklungsplan Schleswig-Holstein Fortschreibung (2021)，注：目前只有德语版本。

③ Stephen Jay et al., Early European Experience in Marine Spatial Planning: Planning the German Exclusive Economic Zone, European Planning Studies, 2012, 20, p. 2027.

drographic Agency，BSH）具体承担德国专属经济区空间规划的筹备和制定工作。规划编制过程中，联邦内政、建筑和社区部要求与邻近州进行合作，确保专属经济区空间规划与邻近州的海洋空间规划内容相协调。

专属经济区空间规划需遵守《联合国海洋法公约》等国际法的相关规定，如航运、飞越以及铺设电缆和管道的自由。因此，与领海空间规划相比，专属经济区空间规划是一个"有限的空间规划"。德国专属经济区空间规划的内容主要包括：经济和科学用途，确保海上航运的安全和便利，以及对海洋环境的保护与改善。

2. 规划协调与战略环评

根据欧盟《战略环境影响评估指令》的定义，战略影响环境评估（Strategic Environmental Assessment，以下简称"战略环评"）是为了保证规划、政策、计划、项目、法律制定过程中对环境保护的问题进行了充分的考虑以实现可持续发展。根据德国《联邦空间规划法》，战略环评的目的是确定规划实施可能对环境造成的重大影响，这种对环境的重大影响应该在规划编制的初期就进行评估，并且评估报告需要进行公开。规划对人类，尤其是人类健康的影响；对动植物、生物多样性的影响；对土地、海床、水、空气、气候与景观的影响；对文化资产和其他物质资产的影响，以及规划对上述所有受保护的因素的相互关系的影响，都要考虑在战略环评的内容中。[1] 战略环评由规划编制机构负责组织评价和报告编写。

具体在专属经济区空间规划中，战略环评的对象包括：海床、水体、浮游生物、底栖动物、生物群落、鱼类、海洋哺乳动物、鸟类（包括对

---

① Environmental Report on the Spatial Plan for the German Exclusive Economic Zone in the North Sea（2021）.

栖息地的影响、碰撞风险、迁徙的影响、干扰影响等）、空气、气候、景观风貌、水下文化遗产、人类健康等。评估方法包括：定性描述与评估、定量描述与评估、研究文献和报告评估、可视化信息、趋势评估、最坏情形假设以及专家和公众评估等。① 根据《联邦空间规划法》的要求，战略环评伴随着专属经济区空间规划编制的全过程。并且战略环评不仅只在专属经济区空间规划开展，在其他层级、类型中的规划开展的战略环评与专属经济区空间规划的战略环评也起到了联动的效果。下文将以风电行业为例，简要介绍专属经济区空间规划与风电行业规划的关系，以及其中涉及的战略环评内容。

以专属经济区内的风电行业为例，专属经济区空间规划是最高规划层级的前瞻性战略规划，协调经济发展、科研、生态环境保护等各种利益与需求。场址开发规划（Site Development Plan）是在专属经济区框架下专门就风电建设场址、预设功率、风电配套的电网（包括跨境电缆）以及其他形式的能源生产活动进行进一步布局优化的部门专项规划（Sectoral Planning）。② 场址开发规划的编制同样需要进行战略环评。场址开发规划编制实施后，还需进行风电场地适宜性调查（也需要进行战略环评），以确定该场地是否适合建造和运营海上风电。如果通过风电场地适应性调查，该场地便可以进行招标，中标者或适格主体则可以申请在场址开发规划中指定的场地建造和运营风电。③ 申请风电建设需要进行环境影响评价（Environmental Impact Assessment），而风电建设的配套电网和

---

① Environmental Report on the Spatial Plan for the German Exclusive Economic Zone in the North Sea（2021）.

② BSH，Site development plan 2020 for the German North Sea and Baltic Sea，2020.

③ 同①，p. 9-10。

电缆建设需要进行环境评价（Environmental Assessment）[1]。

专属经济区空间规划是最高层级的规划，指定航运、其他经济活动、科学用途和生态环境保护的优先区与预留区，并设定了相应的约束性规定与原则性规定。根据《联邦空间规划法》第八条，规划机构需要在开展规划准备和编制的过程中同时进行战略环境评估。专属经济区空间规划的战略环境影响评估的重点在于对多种规划方案的审查评估，在具体问题分析方面的审查较少。评估规划对区域、国家、甚至全球范围内可能造成的跨界影响，以及次要、累积和协同影响都被考虑在内。

场址开发规划主要指定风机安装区域/场地，并预计这些场地预期安装的功率。另外，场址开发规划还指定了风电配合建设的电网光缆的安装路线与走廊。场址开发规划的战略环境影响评估审查的重点更多从战略、技术和空间角度对风电场建设和配套电缆的多套替代性选址进行评估，对具体问题审查评估的深度较浅。部门专项规划层面仍注重考虑风电建设对于大尺度区域的影响，以及累积效应和可能的跨境影响。

在专属经济区空间规划和场址开发规划的支撑下，下一步骤是场地适宜性调查评估，适宜性调查评估需要审查特定选址的风电建设与运营是否与场址开发规划中不允许进行建设的情况相冲突（如对环境有严重影响、威胁航运安全与国防或位于海洋保护区内），是场址开发规划与风电项目审批之间的中间环节。适宜性调查评估的地点位于场址开发规划范围内，因此范围较小。适宜性调查评估将采用独立于后续具体安装和布局类型的测试方法，其影响评估的对象是基于类似模型的参数，旨在描述可能的现实建设情况。因此，适宜性调查评估的战略环评调查的范围较小，但深度较大，可替代性方案有限，一方面是确定某个地点的适

---

① 环境评价包括识别、描述和评价项目或计划、规划对受保护的资产（assets）的重大影响。

宜性；另一方面是确定这个地点（也可能是部分）的不适宜性。因此，环境评估的重点是考虑风电建设对当地造成的影响，以及项目开发的具体位置。

综上所述，不同尺度的规划都需进行战略环评，国内学者形象地称其为"联动式评价"①。规划层级不同，所进行的战略环境影响评估的范围、内容与深度也有所区别。联动式评价协调了各层级规划的重点，避免了上位规划评价过度细化，而下位规划评价范围过广的问题，提高了规划评价的效率，实现了各个规划评价内容之间的互补。②

第二节　德国北海与波罗的海专属 经济区空间规划*

一、规划背景概述

经过 2004 年德国《联邦空间规划法》的修订，德国专属经济区空间规划编制于 2005 年正式开启，前期调查以收集各机构、各部门在专属经济区的活动、已发放许可证信息以及相关利益信息为主，并与各机构、非政府组织进行了沟通，以明确规划的战略环境影响评价所适用的范围。之后由德国联邦运输、建筑与住房部（Ministry of Transport, Building and

---

① 谭雪平，杨耀宁．浅析国土空间规划中"双评价"体系的联动性——基于德国战略环境评价的分析借鉴 ［C］．面向高质量发展的空间治理——2021 中国城市规划年会论文集（13 规划实施与管理），2021：597-604.

② 同①。

* 注：本章第二节部分内容已在以下论文中收录。

张一帆，曹深西，张昊丹等．德国专属经济区空间规划研究 ［J］．海洋开发与管理，2024，41（10）．

Housing，BMVBW)① 与德国联邦海事和水文局开始了规划文本与战略环境影响评价的编制工作，经过 2008 年和 2009 年两轮草案意见征求与修改，2009 年 9 月德国北海和波罗的海专属经济区的首个海洋空间规划颁布生效。②

包括德国在内的欧洲各国兴起海洋空间规划编制的最根本原因在于，欧洲海洋国都为积极响应欧盟海洋能源发展战略和温室气体减排的目标而大力发展以海上风电为代表的海洋新能源产业。但海上新能源产业的发展，不可避免地对传统用海活动和行业空间进行了挤占。大范围的海上风电场建设也对海洋生态环境保护产生了影响。因此，德国 2009 年专属经济区空间规划重点关注海上风电与环境保护，并加入了其他传统海洋活动，如航运、渔业等。规划主要以当时德国重要的综合性和行业性的战略、政策、项目中发展要求所需的空间进行分配。主要依据包括 2002 年德国《联邦政府海上风电战略》（*Federal Government's Strategy for Wind Energy Use at Sea*）、2007 年联邦政府能源与气候项目（Federal Government's Energy and Climate Programme，IEKP）、2008 年《联邦政府国家海洋可持续发展利用及保护战略》（*Federal Government's National Marine Strategy for Sustainable Use and Protection of Seas*）等。

2009 版规划生效后，经过近 10 年的发展，德国专属经济区的海洋自然条件和空间需求发生了很大的变化。近海风能等用途的发展速度超过预期，而航运和渔业等传统用途的需求却没有减少。海洋也越来越多地被用于跨界基础设施建设（海底路由）。有鉴于此，德国《联邦空间规划法》于 2017 年再次进行了修订，这次修订中主要涉及海洋空间规划的内

---

① 该机构之后改组为联邦内政、建筑和社区部（Ministry of the Interior, Building and Community，BMI）。

② EU MSP platform, MSP Country Information Profile Germany（2022）.

容是增加了《欧盟海洋空间规划指令》的相关要求，以及对海洋空间规划跨界协商和协调的规定，同时强调了考虑陆海相互作用和生态系统方法的应用。

2018 年，联邦内政、建筑和社区部开展了专属经济区空间规划修订前期准备及上一轮规划的评估工作。2019 年 6 月，专属经济区空间规划修订工作正式启动。根据《联邦空间规划法》第九条的规定，联邦内政、建筑和社区部向公众和相关部门公布了修订计划与实践安排。2019 年下半年，联邦海事和水文局就航运、自然保护、渔业、水下文化遗产、国防和资源开采等行业或事项举办了各种专题研讨会和专家讨论。①

根据《联邦空间规划法》，规划编制初期需要有替代规划方案以展示不同的规划重点与选择，并且空间规划的出台与生效必须附有摘要声明，说明审查全部替代规划选项后形成最终版规划的原因。因此，2021 版规划在修编初期也设计了替代方案，以供规划编制参考以及初次公开意见征求。2021 版规划共设计了 3 套替代方案②。

方案 A：主要关注保障以航运为代表的传统海上用途。基本以航运现状空间和所需扩展区域为基础建立起整个规划的空间布局与构架，并且将资源开采（海砂、碳氢化合物）作为另一个经济开发的重点，在此基础上兼顾风电发展与环境保护。

方案 B：主要关注以风电为代表的海上新能源发展，以实现气候保护的目标。方案中以 2019 年《场址开发规划》（*Site Development Plan* 2019）的内容为基础，保障风电发展空间需求以及拟达到的至 2030 年实现 20 吉瓦的海上风能目标。

---

① https：//www.bsh.de/EN/TOPICS/Offshore/Maritime_spatial_planning/Maritime_Spatial_Plan_2021/maritime-spatial-plan-2021_node.html；jsessionid=F85EC8988D4298B1708EA375E8033155.live11294, last visit：2022/10/18.

② BSH, Concept for the revision of the German Maritime Spatial Plan Planning options（2020）.

方案 C：主要关注生态环境保护，旨在长期保护专属经济区具有典型生态特征和生物多样性的自然环境。以此为目的的规划设计排除了诸多与保护目的不相容的海洋经济活动，也大幅度缩减了资源开采（海砂和碳氢化合物）的区域。

2020 年 1 月，针对这 3 种替代方案，规划修编开启了面向德国内外（国外主要为沿海邻国、欧盟机构）的第一轮大规模意见征求与咨询，意见征求的主要内容是 3 种规划替代方案及每种方案对行业发展和海洋环境战略环境影响评估。第一轮意见征求结束后，根据收到的反馈意见，替代方案里的内容几经修改并逐渐融合形成了规划草案，行业发展和生态环境保护的内容在规划草案中得到了更具体的空间落位。

规划草案与配套的环评报告初稿形成后，2020 年 9 月联邦海事和水文局以这两份文件为主开启了第二轮国内外规划意见征求与咨询。意见征求与修改后，修改版规划草案与环评报告，以及修改说明在 2021 年 7 月开展了第三轮国内和国外规划意见征求与咨询。最终修订的规划于 2021 年 9 月 1 日正式生效。多轮的国内外意见征求与战略环境影响评价伴随着整个规划修编过程。

二、规划内容

（一）规划愿景与内容概述

2021 版德国专属经济区空间规划的愿景包括以下几点。[1]

（1）通过与其他国家在区域海洋层面的合作，支持协调一致的国际海洋空间规划（制定）与合作。

---

[1] Spatial Plan for the German Exclusive Economic Zone in the North Sea and in the Baltic Sea, 2021, p. 5.

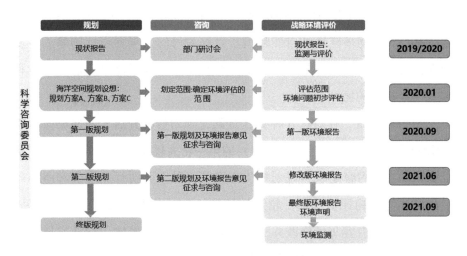

图 3-3　德国专属经济区空间规划（2021）修编过程

（2）通过与沿海联邦州紧密合作，着重考虑陆海关系、运输以及价值链。

（3）通过以下措施，为可持续性海洋经济发展目标构建基础：协调当前与未来的空间需求，确保有序的空间发展；优先考虑赖海利用活动，最大限度地节约和优化使用空间，保障海域可逆性利用；以预防原则和生态系统方法为基础，使人们能够从整体上看待海洋的不同活动的相互关系和累积影响。

（4）根据《联邦空间规划法》第十七条：海洋空间规划旨在协调海洋开发利用活动与海洋保护之间的关系，协调不同海洋开发利用活动之间的关系。海洋空间规划应保障航运的安全与高效；支撑海洋经济发展，特别是可再生能源；支持科学用途尤其是海洋科研；保障国家安全，特别是国内与北约防御。

（5）根据《联邦空间规划法》第十七条：海洋空间规划应有助于改善和保护海洋环境，通过合理分区与避免或减轻用海活动对海洋环境造成的有害影响或污染，达到气候保护和实现"良好海域状态"的目标。

其中，可逆性利用是指海域利用的方式必须是可逆的，即仅允许它们在有限的时间内使用，在利用行为结束后相关结构和设施必须拆除或恢复原状。空间高效利用则是通过指定特定行业在特定的区域发展，以避免该行业零散地分布于海域。并且规划还支持不同活动和功能在不影响主导功能实现的情况下复合利用、立体利用。同时，海洋空间高效利用还意味着海洋的开发利用不应仅仅是承载了陆地上无法解决的问题，还应避免在海洋上累积陆地上建设或使用较为受阻的活动。因此，在规划与实际用海管理中，赖海行业应优于其他用途。

2021 版规划内容涉及航运、经济性开发［重点包括海上风能、海底路由、矿物开发、渔业（养殖）］、海洋科学研究、海洋环境的保护和保全及其他［国家和北约防务、空中交通、游憩（潜水）］。规划依旧采用分区和（或）管控要求形式。

根据《联邦空间规划法》第七条规定，规划分区可主要分为优先区、预留区和适宜区 3 类。在专属经济区空间规划中，主要采用了优先区与预留区两种划区方式。①

2021 版的德国专属经济区空间规划，分区除了优先区和预留区外，还划定了部分临时优先区、附条件优先区以及临时预留区和附条件预留区。管控要求分为一般性管控要求和具体要求。与 2009 版规划相同，2021 版规划仅针对部分重要的行业或用海活动才给予分区安排，没有进行分区的行业或用海活动以明确管控要求的形式进行保护与开发利用指引（表3-1）。

---

① 优先区是指该区域优先于某个特定功能或用途对空间的使用，如果其他拟进入该区域的其他功能和用途与该特定功能不兼容，则特定功能可以排他性使用该区域。预留区是指这些区域为某个特定功能或用途的使用提供预留空间，在其他不可兼容的功能或用途拟利用该区域时，确定预留的特定功能或用途会给予重视与倾斜。

表 3-1　德国专属经济区空间规划（2021）行业分区及管控要求一览表

航运	分区+管控要求
	分区类型：优先区、临时优先区、临时预留区
	管控要求：注意可持续性海洋环境保护
风电	分区+管控要求
	分区类型：优先区、附条件优先区、预留区、附条件预留区
	管控要求：注意国防、渔业、环保、多功能用海
环境保护	分区+管控要求
	分区类型：优先区、临时（季节性）预留区
海底电缆、非生物资源开采、渔业（仅部分）、科研、国防	分区+管控要求
	分区类型：预留区
	管控要求：略
航空运输、游憩	无分区类型、仅管控要求

据此，德国专属经济区空间规划优先级可大致总结为：航运>风电>海底电缆、非生物资源开采、渔业、科研、国防>航空、游憩。航运的最高优先级在于国际海洋法对专属经济区航运自由的相关规定以及国际航运业对德国经济发展的重要性。风电优先级的确定则出于对气候变化问题的应对以及促进国家与地方经济发展的考量。另外，规划还明确了除航运之外其他海洋经济活动需共同遵守的一般性规定①，包括以下几种。

（1）节约及可持续性的空间使用：海洋活动应可持续发展，并尽可能地节省空间。

（2）所有固定装置应在使用结束后拆除（根据法律要求可不拆除的除外）。

（3）经济用途应尽可能地减少对其他用途产生不利影响。这些用途

———————————

① Spatial Plan for the German Exclusive Economic Zone in the North Sea and in the Baltic Sea, 2021, p.8.

包括航行、其他经济用途、科学研究、国防与北约防务和水下文化遗产。

（4）尽可能地避免经济用途对海洋环境的不利影响，特别是对海洋生态系统自然功能的不利影响。并且海洋经济活动应遵循区域海洋环境保护公约中运用"最佳可用技术和最佳环境实践"的相关要求。另外，根据相关法律要求，在项目用海过程中，通过监测获得的用海活动对海洋环境产生影响的相关信息应向联邦海事和水文局提供。

下面以航运和海上风电这两个较为重要且典型的专属经济区用海活动以及海洋生态环境保护的相关内容为例，对德国专属经济区空间规划分区及管控要求进行具体说明。

（二）航运

无论是在德国《联邦空间规划法》，还是在规划文本中，航运都是重点强调和保障的行业。航运在规划中的关键性在于：首先，德国是航运大国，尤其出口海运是国家的重要经济支柱，必须予以保障；其次，波罗的海和北海是航运最为繁忙与密集的区域，尤其是德国波罗的海经济区，位于狭长地带，因此要最大限度地保障航运的通畅与安全；最后，相较于其他用海活动，《联合国海洋法公约》给予航运比较特殊的地位（在保证航运自由和保障主要航路方面），并且航运事务还需遵守国际海事组织（International Maritime Organization，IMO）的一系列规定与制度。①

2021 版规划在航运、风电等分区中除了划定固定的功能分区外，还划定了临时区域和附条件区域，这类区域会随着区域规定的日期或所附条件的变化，触发区域功能的转变。例如，由临时航行优先区转换为航

---

① Spatial Plan for the German Exclusive Economic Zone in the North Sea and in the Baltic Sea, 2021, p. 5.

行预留区、航行预留区转换为附条件风电优先区等。以临时航行优先区
转换为航行预留区为例：规划在北海最大的航运优先区的中部空间划出
了临时优先区。划分的原因是：该航运优先区目前整体是北海区域国际
公认的航运路线，交通繁忙且通行量呈持续上升趋势。因此，为保障航
行安全，规划编制时德国与邻国荷兰、丹麦正在研究该区域可以采取的
交通引导措施，如设置分道通航。当各国协商达成合意，将会进一步与
国际海事组织（IMO）探讨制度落地。① 如果分道通航制度得以实施，航
线中部区域将作为隔离带，不再作为主要航路使用，因此不再适宜划定
为航运优先区。但该区域仍具有维护航运安全的功能，因此转换成为航
运预留。尽管规划指定了航运优先区和航运预留区，航行仍可以在指
定区域外进行。因此，规划中的航运条款旨在在空间规划层面上对重要
航运路线、区域的最低航运要求提供额外保障。任何其他航运需求（如
扩宽航道、扩大操作机动区等）将由相关部门决策，不受规划影响。

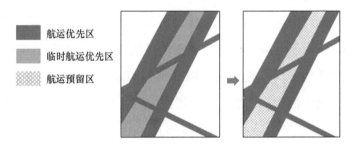

图 3-4　功能区转换示意

　　另外，规划还专门提及航运行业应减少对海洋环境造成的影响，除
了遵守国际海事组织的规定外，还要考虑符合区域海洋保护公约和欧盟
法律政策（包括《保护东北大西洋海洋环境公约》《保护波罗的海区域

---

　　① Spatial Plan for the German Exclusive Economic Zone in the North Sea and in the Baltic Sea,
2021, p. 5.

海洋环境公约》《防止船舶污染公约》（MARPOL73/78）、《海洋战略框架指令》（Directive 2008/56/EC, *MSFD*）等）中防止航运造成海洋环境损害以及运用"最佳可用技术和最佳环境实践"的相关要求。

规划文本中也明确说明了专属经济区的航运相关内容是在《公约》的相关规定下进行考量的。[1] 这里的相关规定，主要是《公约》第58条专属经济区航运自由的规定，以及《公约》第60条人工岛屿、设施和结构及其周围的安全地带，不得设在对使用国际航运必经的公认海道可能有干扰的地方的规定。除此之外，航运区域的划定还考虑到国际海事组织在北海和波罗的海的相关规定与制度，如分道通航制度。除了国际公约和国际组织的相关规定，以船舶自动识别系统（Automatic Identification System, AIS）为基础的航运分析也是对目前航运情况以及未来航运空间需求进行研判的重要参考。

（三）风电

规划中将风电的分区划分为风电优先区、风电预留区、附条件风电优先区及附条件风电预留区。与2009版规划相比，2021版规划风电区域面积扩张显著，2009版规划北海区域仅有5个风电优先区，无风电预留区及其他，总面积约860平方千米。21版规划在北海区域划定了近20个风电优先区与风电预留区，总面积近5000平方千米。

如本章前文所述，风电行业发展指引方面，专属经济区空间规划是最高规划层级的前瞻性战略规划，协调经济发展、科研、生态环境保护等各种利益与需求。场址开发规划则是在专属经济区框架下专门就风电建设具体场址、预设功率、风电配套的电网（包括跨境电缆）以及其他

---

[1] Spatial Plan for the German Exclusive Economic Zone in the North Sea and in the Baltic Sea, 2021, p. 6-7.

形式的能源生产活动进行进一步布局优化的部门专项规划。最新一版的风电场址开发规划于 2020 年生效。因此，德国专属经济区空间规划将所有 2020 版风电场址开发规划中明确要保障发展风电的区域，全部设置成了风电优先区，以保障达到 2016 年《国家综合能源与气候计划》（Integrated National Energy and Climate Plan）中规定的 2030 年海上风电扩张至 20 吉瓦的目标。

除了分区管控要求的相关规定，规划还明确了风电与其他用途的共用或协调管理要求。例如，某附条件风电预留区在规划中也被划定为科研预留区。规划文本明确，自 2027 年 1 月 1 日起，该区域将成为风电预留区，除非负责渔业研究的联邦部门在这之前已向负责空间规划的联邦部门证明此区域的渔业研究不宜受到风电影响。如果该区域转换为风电预留区，鉴于该区域也属于科研预留区（渔业），则风电设施的建设和运营需要保障渔业科研的正常进行。

再比如，捕鱼的船只应被允许在风电区进行穿越以便前往目标渔场。在风电场的安全区也可以进行如放置固定式鱼篓、捕笼或其他采集装置的"被动式捕鱼"。① 但以上都需尽量避免对风电设施产生不利影响。除了科研和捕鱼，在国防事务方面，如果不会对风电设施造成影响或只有轻微的不利影响，风电场及安全区允许联邦军队船舶穿越。如果从军事角度来看，在发电设施上安装固定军用设施（如发射器或接收器）对国家和北约防御来说是必要的，联邦军队可以在发电装置上安装固定军用设施，但需尽可能地减少对设施产生的不利影响。②

另外，根据规划指南"固定用途必须是可逆"的要求，风电项目的

---

① Spatial Plan for the German Exclusive Economic Zone in the North Sea and in the Baltic Sea, 2021, p13.
② 同①。

110

风机和其他形式的发电装置，都必须在项目结束后进行拆除（在技术可行范围内）。这种拆除义务也适用于电力传输的附属设施，如风电场内的变电站与电缆。拆除义务旨在保障海洋长期使用的可行性。

（四）海洋自然环境保护及开阔性保障

海洋环境的保护保全也是《联合国海洋法公约》给予沿海国的重要权利和义务内容。因此，规划针对海洋环境的保护保全划定了优先区予以保障。德国专属经济区海洋环境保护的目标和要求是在德国签署的一系列海洋环境保护国际公约、区域环境公约、欧盟法律政策以及德国本国的生态环境保护的国内法基础上制定的。

表3-2　德国专属经济区海洋自然保护适用的主要法律文件

国际公约	《联合国海洋法公约》《防止船舶污染公约》（MARPOL73/78）、《防止倾倒废物和其他物质污染海洋的公约》（*London Dumping Convention*）及议定书、《保护野生动物迁徙物种公约》等
区域公约	《保护东北大西洋海洋环境公约》（*OSPAR Convention*）、《保护波罗的海区域海洋环境公约》（*Helsinki Convention*）、《在处理北海油类和其他有害物质污染中进行合作的协定》（*Bonn Convention*）、《保护欧洲野生动物与自然栖息地公约》等
欧盟法律政策	《海洋空间规划指令》（Directive 2014/89/EU, *MSP Directive*）、《环境影响评价指令》（Council Directive 337/85/EEC, *EIA Directive*）、《栖息地指令》（Council Directive 92/43/EEC, *Habitats Directive*）、《战略环境评估指令》（Directive 2001/42/EC, *SEA Directive*）、《海洋战略框架指令》（Directive 2008/56/EC, *MSFD*）、《鸟类指令》（Directive 2009/147/EC, *Birds Directive*）等
国内法	《自然保护和景观管理法》（*Nature Conservation and Landscape Management Act*）、《水资源法》（*Water Resources Act*）、《环境影响评价法》（*Environmental Impact Assessment Act*）

分区方面，规划将德国位于专属经济区的国家海洋保护区划定为自然保护优先区。但是，当自然保护优先区与规划的部分航运优先区区域发生重叠，除非航行出现违反《公约》相关规定的情况，自然保护优先区的相关规定不得阻碍专属经济区航行自由。①

另外，规划也针对特别物种——港湾鼠海豚（Harbor porpoise）的保护划定了季节性（5—8月）临时保护预留区。② 该区域为港湾鼠海豚的夏季栖息地。临时保护预留区的设置保障其栖息地在该时段尽量免受人类活动的影响。并且风机建设申请许可阶段需要考虑该区域风电建设可能对港湾鼠海豚产生的噪声影响，特别是在敏感季节的风机建设活动。

相似的，在波罗的海区域，规划还划定了鸟类迁徙走廊区域，该区域与波罗的海的风电区域有部分重叠。规划要求，在鸟类大规模迁徙的季节，如果其他措施不足以排除鸟类碰撞风险，则不应在迁徙走廊区域运行风力涡轮机，并且建设与维护风机的工作也不应进行。③

（五）讨论

德国专属经济区空间规划的内容涉及航运、经济性开发［重点包括海上风能、海底路由、矿物开发、渔业（养殖）］海洋科学研究、海洋环境的保护和保全及其他［国家和北约防务、空中交通、游憩（潜水）］。规划采用分区和/或管控要求的形式进行。无论是2009版规划还是2021版规划，都仅针对部分重要的行业或用海活动给予分区安排，没有进行分区的行业或用海活动以明确管控要求的形式进行保护与开发利用指引。这样的规划方式实际上也显示了规划所界定的行业发展的优先

---

① Spatial Plan for the German Exclusive Economic Zone in the North Sea and in the Baltic Sea, 2021, p. 19.

② 同①，p. 18-19。

③ 同①，p. 18-19。

级，因此必然会引起行业之间对空间分配的竞争。

在用海活动拥挤的近海，海洋空间规划是一个将海洋资源与空间利用进行重新调整分配的过程。在还未大规模进行开发利用的远海，海洋空间与资源更具有无限潜力，可以拓展管理部门新的管理权限与范围。但当海洋管理事权仍旧分散在不同部门的情况下，对资源和空间的分配绝非易事。也正因为如此，英格兰首个海洋空间规划——东部海洋空间规划的编制后期，规划主管部门遇到了来自其他政府部门的阻力，使海洋空间规划出现了规划由最初重点保障风电行业到后期重点保障油气行业的情况。①

这样的博弈也同样发生在德国专属经济区空间规划编制的过程中。2009年规划制定时，关于风电在专属经济区的发展布局问题上，最初规划编制部门联邦海事与水文局仅将风电的发展限制在风电优先区。但是，风电行业表示如果仅将风电限制在优先区，则会阻碍风电项目的继续扩张。尽管编制部门坚持其观点，但是风电行业发起了游说，最终引起了德国联邦交通、建筑和城市发展部的关注并邀请进行协商。最终，规划被修改为风电行业满意的结果，即风电只能在优先区发展的规定被删除。但是，此举不但加深了其他行业对受风电发展挤压的忧虑，还削弱了风电优先区的地位。风电优先区仍然保留在规划当中，但其作用仅仅是在优先区申请的风电项目会得到更直接的准入许可。②

2009版规划中，石油天然气开采与海洋生态环境保护没有被划定优先区或预留区。油气部门觉得油气的重要性在规划中被忽视了，海洋规划没有对油气优先区和预留区作出规定，规划仅对目前有开发的少数区

---

① 详见英国章英格兰东部海洋空间规划小节内容。

② Stephen Jay, Thomas Klenke, Frank Ahlhorn et al. , 2012. Early European Experience in Marine Spatial Planning: Planning the German Exclusive Economic Zone, European Planning Studies, 20: 12, p. 2021.

域在地图上有所显示，因此仅为"现状描述"而非"规划"。油气部门认为，海洋应该对标陆地规划，也规划出油气优先区，并且应该设置预留区为将来的开发活动进行预留。[①] 对没有设置海洋生态环境保护优先区的问题，规划部门的解释是，海洋生态环境保护已经在欧盟层面的自然保护区网络 Natura 2000 中进行了规定，因此在规划中无须重复此项内容。[②] 但是，这一问题在 2021 版规划中得到了重视，Natura 2000 的区域作为德国国家海洋保护区，被划为了自然保护优先区。

虽然德国专属经济区空间规划的编制一直伴随着战略环境影响评估的过程，但有学者指出，规划仍缺乏完整的评估权衡框架，因为仅对环境影响进行评估是远远不够的，规划还应对经济发展和生态系统以及社会服务进行综合评估。[③] 并且在海洋空间规划的技术进程开始之前，政治优先事项（如风电、航运）早已确定。[④] 因此，学者们认为专属经济区空间规划是一个"政治化的环境"，而非海洋空间规划传统意义上的"一个为可持续发展而向理性组织开放的中立海洋空间"。

三、跨界协调

对于欧洲来说，海洋空间规划需要考虑跨国层面的问题。北海、波罗的海、地中海和黑海都是有众多沿岸国家的海洋区域，它们面临着类似的发展需求与问题。并且航运、捕鱼或生态系统进程并非仅仅发生在国家管辖范围内，还发生在管辖边界，可能存在跨界影响。跨国行动的

---

① Stephen Jay, Thomas Klenke, Frank Ahlhorn et al. , 2012. Early European Experience in Marine Spatial Planning: Planning the German Exclusive Economic Zone, European Planning Studies, 20: 12, p. 2021.

② 同①, p. 2017-2018。

③ Marie Aschenbrenner, Gordon M. Winder. Planning for a sustainable marine future? Marine spatial planning in the German exclusive economic zone of the North Sea, Applied Geography, 2019, 110, p. 7.

④ 同③。

新发展是在北海的电网计划中发展起来的。北海的电网计划将英国、荷兰、德国、丹麦和挪威之间的风力发电场连接起来，各国间的电网也需要随之建立。因此从长远来看，国家层面的空间规划编制，尤其是德国专属经济区的规划，无法孤立于邻国而存在。[①]

因此，除了促进管辖范围内专属经济区的海洋环境保护与海洋经济发展外，德国专属经济区海洋空间规划的目标还在于在波罗的海和北海区域，通过与区域内沿海国家和邻国协调，实现在整个北海和波罗的海完成一个连贯性的海洋空间规划的制定。德国专属经济区空间规划国际合作的内容主要关注海底电缆、航运以及海洋生态环境和鸟类迁徙廊道等问题。

截至 2024 年底，欧洲已经进行了数十个跨界海洋空间规划项目。多年来，德国联邦海事和水文局一直积极参与北海与波罗的海的跨界项目，以增进与其他国家在海洋空间规划和具体涉海事务方面的沟通与交流。[②] 以这些项目为依托形成的共识成果在德国海洋空间规划的编制原则及思路中多有反映，但是由于这些项目与德国首轮专属经济区空间规划基本同时期开展，很难说是这些项目影响了德国的规划，还是德国的规划影响了这些项目。

一个很典型的项目例子是波罗的海区域较早开展的海洋空间规划合作项目——BaltSeaPlan（2009—2012），参与国包括德国、瑞典、波兰、爱沙尼亚、立陶宛与拉脱维亚等。该项目最突出的成果之一是制定了波罗的海海洋空间合作的战略文件——"BaltSeaPlan Vision 2030"。这部文件对于波罗的海跨界海洋空间规划和海洋空间规划国际合作的重要性在

---

① Andreas Kannen. Challenges for marine spatial planning in the context of multiple sea uses, policy arenas and actors based on experiences from the German North Sea. Reg Environ Change 14, 2014, p. 2147.

② 郭雨晨，练梓菁. 波罗的海治理实践对跨界海洋空间规划的启示［J］. 中国海洋大学学报（社会科学版），2022（3）：58-67.

于它建立并强调了"泛波罗的海思维",并在泛波罗的海思维的引导下确定了海洋空间规划的原则与包括环保、能源、航运和渔业四项重点合作领域,并进一步提出了3项合作原则:泛波罗的海思维(pan-Baltic thinking)、空间利用有效性(spatial efficiency)和空间规划的连接性(connectivity across Baltic sea space)。① 泛波罗的海思维强调波罗的海沿海国无论是在地方、区域还是国家级海洋空间规划时,都需要将波罗的海视为一个大的生态系统和一整块规划区域进行考量。空间利用有效性是指海洋开发利用并非陆域利用的替代品或用来解决陆地利用受阻较大的问题(如远海风电的建设不应是由于沿海居民对陆地或海岸带风电场的排斥与反对),并且海洋开发利用应重点支持在某一区域的固定用海活动(immovable sea uses),并鼓励对海洋空间的多重利用(co-use)。空间规划的连接性强调对一些"线性"或"块状"用海活动的考量,如海底电缆、管道的铺设、航线以及为海洋生物提供"蓝色走廊"等。除了这些实体项目合作外,根据欧盟指令要求,成员国编制海洋空间规划需要与邻国进行意见征求与咨询。

因此,在2021版德国专属经济区空间规划编制期间,规划编制部门组织了至少两轮的正式意见征求与国际协商,国际协商的范围已经超过了沿海邻国范围,协商机构包括丹麦海事局(Danish Maritime Authority)、荷兰基础设施与环境部(Ministry of Infrastructure and Environment)、荷兰经济事务和气候政策部(Ministry of Economic Affairs and Climate Policy)、比利时航运职能部门(Federal Public Service Mobility and Transport, DG Shipping)、英国/英格兰海洋管理机构(Marine Management Organisation)、爱尔兰住房规划和地方政府部(Department of Housing, Planning and Local Government)、拉脱维亚环境保护和区域发展部

---

① Kira Gee, Andreas Kannen, Bernhard Heinrichs, BaltSeaPlan Vision 2030, 2011, p. 17-23.

（Ministry of Environmental Protection and Regional Development）、瑞典环境保护局（Swedish Environmental Protection Agency）、芬兰环境部（Finnish Ministry for the Environment）以及波兰、欧盟的众多机构与部门。从各国的反馈来看，讨论的内容不仅涉及规划具体内容的衔接（航运）、具体合作事项（联合申请分道通航区域、风电合作）、管控要求的设置，甚至包括《联合国海洋法公约》关于航行自由和海洋环境保护条文关系的解读①，这样的咨询程序不仅促进了德国专属经济区空间规划在规划边界与其他国家规划内容（德国与丹麦专属经济区交界处的航运、自然保护区域等内容已进行了衔接）、发展目标、具体项目的衔接，也进一步加强了与其他国家海洋空间规划的国际合作。

第三节　讨论与思考

一、专属经济区空间规划的重要性

专属经济区空间规划是德国联邦政府在联邦层级唯一可制定的结构性规划文件。在联邦《空间规划法》将规划范围扩展至德国专属经济区与大陆架之前，陆地规划一直是各州的责任，而联邦政府只是提供原则性政策指导，专属经济区空间规划过程赋予了联邦政府前所未有的权利。

德国专属经济区空间规划的编制不仅是在以《公约》为代表的国际法框架和规则下，将国家管辖权予以落实，加强了国家对专属经济区的

---

① See Federal Ministry of the Interior, for Building and Community, Federal Maritime and Hydrographic Agency, "Maritime spatial plan for the German exclusive economic zone in the North and Baltic Sea Evaluation of the consultation pursuant to § 9 (4) in conjunction with (3) ROG" (2021).

控制感，以及对其内活动的安排；并且通过对航运和风电等行业的发展保障，不仅为德国的海洋经济的发展提供了更广阔的空间，也为其实现气候保护目标的承诺提供支持。并且专属经济区空间规划还从外交层面促进和增强了德国与邻国在海洋各领域的合作，推动了欧洲海域在空间规划事务上区域一体化的发展。

国土空间涵盖国家主权与主权权利管辖下的所有陆域海域。作为国土空间开发利用与保护的指引，国土空间规划也应覆盖上述所有范围。在我国空间规划体系改革前，国家层面的海洋功能区划和海洋主体功能规划都覆盖了专属经济区和大陆架区域，对区域整体的发展和保护目标提供了宏观性的发展导向指引，但缺乏具体的空间落位。目前，我国与周边海上邻国仍存在岛礁主权争议和海洋划界争端，由此导致的专属经济区范围界限不明可能是专属经济区（全域）规划难以空间落图的最主要原因。海洋划界是一个长期且极为复杂的技术性与外交性问题，如果等待所有海洋划界尘埃落定，再进行规划恐怕为时已晚。随着我国海洋科技实力发展和需求所驱动的深远海开发利用脚步逐渐加快，如何在规划层面保障我国在专属经济区的海洋权益值得思考。与领海空间规划不同，专属经济区空间规划是一个"有限的空间规划"，其内容受到以《公约》为代表的我国签署的国际公约和相关制度约束。

二、集约节约用海

德国专属经济区空间规划尤为突出地体现了集约节约特点。首先，规划愿景就明确了海洋利用的固定设施必须是"可逆的"，仅允许在有限时间内使用，并且用后必须拆除。并且海洋空间应该是高效率地、"经济地"使用，将一些区域划定给某些部门利用，尽可能地保障相同利用不分散，使大片海域仍旧保持没有固定结构的通畅、广阔状态。

其次，规划明确了海洋空间优先赖海性行业/活动的使用，指出海洋并非单纯容纳不允许在陆地上进行某些项目建设的空间。并且德国专属经济区空间规划分区呈现较强的时序安排。根据时序安排，优先区进一步分为（固定）优先区、临时优先区和附条件优先区。预留区细分为（固定）预留区、临时预留区和附条件预留区。临时和附条件的区域，都会随着区域规定的日期或所附条件的变化，触发区域功能转变。例如，从优先航运区变为预留航运区，成为预留区后，该区域即可考虑其他功能或用途的需求（如风电）；或从预留渔业研究区变为预留航运区，形成功能转变。

最后，对每种海洋开发利用活动或自然资源保护，规划都尽可能地提出了通过叠加分区、明确管控规则，以鼓励可开发利用区域进行多用途用海。例如，在尽量避免对风机设施产生不利影响的情况下，在风电场的安全区进行放置固定式鱼篓、捕笼或其他采集装置的"被动式捕鱼"；在风电设施上安装固定军用设施（如发射器或接收器）等。另外，对有自然保护需求的区域，可以根据保护对象的栖息或迁徙特征，进行阶段性保护和开发利用。例如，划定湾鼠海豚季节性保护预留区（5—8月），以及要求在鸟类迁徙期间要求迁徙路线上的风电场停止运营和维护等。将保护与开发利用相结合，实现人与自然和谐共生。

三、规划分区与行业优先级

德国专属经济区空间规划采用功能型分区与规则管控并行的方式。功能型分区分为优先区与预留区两大类。但分区并不覆盖全行业和部门，只有部分重要或给予优先保障的行业才采用分区方式予以空间保障，并辅以管控要求；其他行业仅采用明确一般性开发保护原则或详细规则进行管理。不同用途的分区在一些区域发生明显的重叠。德国专属经济区空间规划优先级可大致总结为：航运大于风电大于海底电缆、非生物资源开采、渔业、科研、国防大于航空、游憩。航运与风电行业发展相比占据绝对排他性优势。航运的最高优先级在于国际海洋法对专属经济区航运自由的相关规定以及国际航运业对德国经济发展的重要性。风电优先级的确定则出于对气候变化问题的应对以及促进国家与地方经济发展的考量。

关于两版规划都重点关注航运与风电的分区保障这一事实，也有学者认为，这明显带有德国陆域空间规划的风格，即规划分区额外关注也着重解决重点行业或活动之间的空间利用冲突。规划仅对重点行业进行了分区，并且用优先区域保障其发展，排除其他不兼容活动对于该区域的利用。[①]

四、替代性规划方案与战略环评

2021 版德国专属经济区空间规划的修编是从编制机构设计的 3 套总体目标各异的替代性规划方案开始的。3 套替代性方案关注传统海洋利用、海洋自然环境保护及气候变化主题。根据不同的规划总体目标，不同替代方案对各开发利用活动和保护区域进行了重点各异的布局。规划草案就是在不同替代方案的战略环评以及多次多方意见征求的结果上逐渐形成的。这个过程也是规划自身不断完善的过程。

战略环评制度在德国的各级规划中较为完整地建立，并且各层级、各类规划的战略环境影响评估内容尺度不同、重点不同，但可互为补充。

目前，我国规划的制定还未有替代方案评估的过程，涉海规划的编制与出台也没有战略环境影响评估的强制性要求。

五、跨界思维与合作

除了促进管辖范围内专属经济区的海洋环境保护与海洋经济发展，

---

① Andreas Kannen. Challenges for marine spatial planning in the context of multiple sea uses, policy arenas and actors based on experiences from the German North Sea. Reg Environ Change 14, 2014, p. 2145.

德国专属经济区海洋空间规划的目标还在于在波罗的海和北海区域，通过与区域内沿海国家和邻国协调，实现在整个北海和波罗的海完成连贯性的海洋空间规划的制定。跨界合作和协商不仅促使各沿海国将海域作为一个完整的生态系统和规划区域进行考量，还有利于促进不同国家"线性"或"块状"用海活动在空间规划层面的连接性考量，例如，海底电缆、管道的铺设，航线以及为海洋生物提供"蓝色走廊"等。

跨界合作不仅是欧盟层面法律政策的要求，也是德国国内法的要求。因此，在德国编制专属经济区空间规划几轮的意见征求过程中，都包括了向波兰、荷兰、丹麦等 10 余个利益相关国以及欧盟机构的咨询。各国或机构的反馈内容涉及规划跨界范围用海活动区域的衔接（航运）、具体合作事项（联合申请分道通航区域、风电合作）、管控要求的设置等。这样的咨询程序不仅促进了德国专属经济区空间规划在规划边界与其他国家规划内容、发展目标、具体项目的衔接，也进一步加强了与其他国家海洋空间规划的国际合作。

美国海洋空间规划[*]

第四章

美国海洋空间规划*

第一节　美国海洋政策与空间规划发展概述

一、背景概述

美国海洋综合治理的理念萌发于 20 世纪 60 年代。1966 年，美国《海洋资源和工程发展法》（*Marine Resources and Engineering Development Act*）出台，提出应在海洋发展方面制订一个协调、全面、长期的国家计划，并成立了海洋科学、工程和资源总统委员会（President's Commission on Marine Science, Engineering and Resources）。1969 年，海洋科学、工程和资源总统委员会发布了《我们的国家与海洋》报告（*Our Nation and*

＊注：本章部分内容已在以下论文中收录。

何佳惠，孙华烨，张昊丹，等. 美国海洋空间规划体系特征与启示 ［J/OL］. 海洋开发与管理，1-12 ［2024-12-27］. https：//doi. org/10. 20016/j. cnki. hykfygl. 20241226. 001.

122

the Sea: Plan for Action)①，即"斯特拉顿报告"（Stratton Report），直接推动了 1972 年美国《海岸带管理法》（*Coastal Zone Management Act*）的制定。1972 年《海岸带管理法》的出台标志着美国首次提出"海岸带综合治理"这一理念，即试图通过跨学科、跨行业、跨部门的方式来解决海岸带治理问题。

自 2000 年起，美国海洋治理政策开始具备综合性特征。2000 年 8 月，美国国会通过了第一部有关海洋综合治理的《海洋法（2000）》（2000 *Oceans Act*），继而依据该法成立了海洋政策专家委员会（Commission on Ocean Policy）。2004 年，针对海洋政策专家委员会向总统和国会提交的《21 世纪海洋蓝图》（*An Ocean Blueprint for the 21st Century*）的建议，美国总统布什签署行政令批准了《美国海洋行动计划》（*U. S. Ocean Action Plan*）。《美国海洋行动计划》从宏观层面全面阐述了美国海洋工作的总体思路，并在微观层面提出了具体的措施。该行政令还宣布成立内阁海洋政策委员会（Committee on Ocean Policy）以取代海洋政策专家委员会，令其负责处理关于海洋和海岸带治理建议的落实。②2004 年，为统一国家海洋共识，美国国会通过了《21 世纪海洋保护、教育和国家战略法》（*Ocean Conservation, Education, and National Strategy for the 21st Century Act*）。③

2009 年 6 月，美国总统奥巴马向行政部门和联邦机构负责人发送了一份总统备忘录，指示建立机构间海洋政策工作组（Interagency Ocean Policy Task Force），并责成该工作组制订建议，以加强国家对海洋、海岸和五大湖的管理。机构间海洋政策工作组提倡使用海岸带和海洋空间规

① 海洋科学、工程和资源总统委员会在提交报告后被终止。
② 吴跃. 中美海洋治理比较分析 [D]. 山东大学，2012（2）.
③ 夏立平，苏平. 美国海洋管理制度研究——兼析奥巴马政府的海洋政策 [J]. 美国研究，2011，25（4）：17.

划（Coastal and Marine Spatial Planning, CMSP）作为海洋规划管理工具，并于 2010 年 7 月发布《机构间海洋政策工作组最终建议》（*Final Recommendations of the Interagency Ocean Policy Task Force*）。该最终建议被美国第 13547 号行政令采纳，即总统奥巴马签署的《关于海洋、我们的海岸与大湖区管理的行政令》（*Stewardship of the Ocean, Our Coasts and the Great Lakes*）。这份行政令被视为美国第一个真正意义上的国家海洋政策，从此美国开始正式建立以生态保护为核心的海洋综合管理机制。[1]

美国国家海洋委员会（National Ocean Council, NOC）依据第 13547 号行政令建立，并于 2013 年正式发布了《国家海洋政策执行计划》（*National Ocean Policy Implementation Plan*）。《国家海洋政策执行计划》提出了落实国家海洋政策的具体手段，[2] 并支持九大区（东北区域、大西洋中部区域、大西洋南部区域、大湖区、加勒比区域、墨西哥湾、西海岸、太平洋岛屿、阿拉斯加/北极）设立区域规划机构，以确定区域发展方向与目标并制定区域海洋空间规划。

2018 年 6 月，美国总统特朗普签发了名为《关于促进美国经济、安全与环境利益的海洋政策》（*Ocean Policy to Advance the Economic, Security, and Environmental Interests of the United States*）的第 13840 号行政令，并用此取代了第 13547 号行政令。该行政令将海洋政策导向从以保护海洋环境和推动可持续发展为主转向以基于国家安全和经济利益的开发利用为主。[3] 依据该行政令成立的海洋政策委员会（Ocean Policy Committee, OPC）负责协调联邦政府的海洋科学、技术和管理政策。

海洋空间规划是奥巴马执政时期美国政府重点推进的工作目标之一。

---

[1] 吴跃. 中美海洋治理比较分析 [D]. 山东大学, 2012.

[2] 刘佳. 美国颁布国家海洋政策执行计划 [J]. 国土资源情报, 2013（10）: 3.

[3] 刘磊, 王晓彤. 论特朗普政府的新海洋政策——基于特朗普与奥巴马两份行政令的比较研究 [J]. 边界与海洋研究, 2020, 5（1）: 14.

但特朗普签发的第 13840 号行政令大大淡化了其重要性，同时也将海洋事务主导权由联邦层级转向各州。部分官员及专家对这一转变表示失望并希望继续支持海洋规划的制定和更新。① 在拜登执政时期美国政府的领导下，仍由海洋政策委员会负责联邦政府的海洋科学、技术和管理政策。

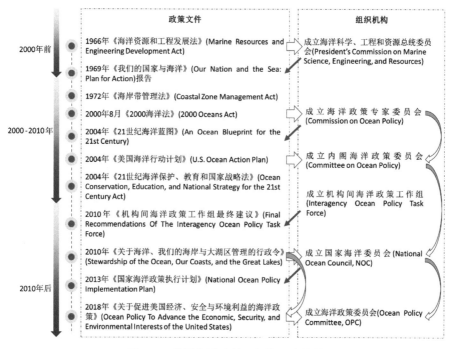

图 4-1　美国海洋政策、机构历史沿革

综上所述，受"海权论"的影响，美国作为海洋大国，较早地开始重视海洋管理，并逐步形成了综合性体系化的海洋法律政策。但面向不同时期的社会经济发展目标与政治需求，近几届美国政府所制定的政策取向差异较大。如奥巴马执政时期致力于促进海洋环境修复、保护以及

---

① Science, "Trump's new oceans policy washes away Obama's emphasis on conservation and climate", https：//www.science.org/content/article/trump-s-new-oceans-policy-washes-away-obama-s-emphasis-conservation-and-climate, last visit：17 Oct. 2022.

海洋资源的可持续开发利用；而特朗普执政时期则以推动美国经济增长、保障国家能源安全为重点。① 政权更迭下，美国的海洋政策有一定的承接，但也由于政府轮换产生较大的不稳定性，美国区域海洋空间规划发展的停滞就是其政府更迭且政策不统一的后果。

二、美国海洋空间规划体系现状

美国的行政管理体制分为联邦政府、州政府、地方政府 3 个层级，其中地方政府分为县政府和城市政府。美国海洋空间规划体系主要由国家海洋空间规划政策框架（包括第 13547 号行政令、《国家海洋政策执行计划》等）、区域海洋空间规划和州海洋空间规划 3 个层级构成。根据《海岸带管理法》，离岸 3 海里以内的海域由各州管辖，除此以外的海域（包括 3 海里外的领海、专属经济区和大陆架）由联邦政府管辖。

根据第 13547 号行政令，规划制定采取"大海洋生态系统"的区域管理方式，全美海域划分为 9 个规划分区。目前，东北区域、大西洋中部区域、加勒比区域、太平洋岛屿和西海岸已各自建立区域规划机构，其中，东北区域和大西洋中部区域已经制定了区域层面的海洋规划。② 州级层面已实施的规划有《罗得岛海洋特殊区域管理规划》（*Rhode Island Ocean Special Area Management Plan*, RI Ocean SAMP）、《俄勒冈州领海规划》（*The Oregon Territorial Sea Plan*, TSP）、《马萨诸塞州海洋管理规划》（*Massachusetts*

---

① 胡志勇. 特朗普政府新海洋政策走向及其地缘影响［J］. 贵州省党校学报，2020（2）：89-98.

② The White House. REPORT ON THE IMPLEMENTATION OF THE NATIONAL OCEAN POLICY ［R］. America：Oceanic and Atmospheric Administration，NOAA National Shellfish Initiative，2015. https：//obamawhitehouse. archives. gov/sites/default/files/docs/nop_ highlights_ _ annual_ report_ final_ - _ 150310. pdf #：~：text = The% 20National% 20Ocean% 20Policy% 20Implementation% 20Plan% 20directs% 20Federal，Oceanic% 20and% 20Atmospheric% 20Administration% 20% 28NOAA% 29% 20National%20Shellfish%20Initiative.

Ocean Management Plan)、《华盛顿州太平洋海岸海洋空间规划》（*Marine Spatial Plan for Washington's Pacific Coast*）和《纽约州海洋行动计划（2017—2027）》［*New York Ocean Action Plan*（2017—2027）］等。①

目前，美国专属经济区海洋规划仍未出台。为了提高对海洋的认识，为平衡海洋利用和保护提供决策信息，促进美国繁荣并保障安全，总统特朗普于2019年11月19日签署了一份总统备忘录，题为"美国专属经济区和海岸带及阿拉斯加近岸海域的海洋测绘"（Ocean Mapping of the United States Exclusive Economic Zone and the Shoreline and Nearshore of Alaska）。这份总统备忘录指示海洋政策委员会"协调制定一项国家战略，以测绘、探索和表征美国专属经济区，并增加跨机构和非美国政府实体之间合作的机会"。根据总统备忘录，海洋政策委员会的海洋科学技术小组委员会制定了《关于测绘、探索和表征美国专属经济区的国家战略》（*National Strategy for Ocean Mapping, Exploring, and Characterizing the United States Exclusive Economic Zone, NOMEC*），具体阐述了测绘美国专属经济区并确定专属经济区内的优先研究区域的相关内容。2022年7月1日，海洋政策委员会发布的《海洋政策委员会2022—2023年行动计划》（Ocean Policy Committee 2022—2023 Action Plan）提出在2026年以前制定美国专属经济区海洋规划，其余并未对海洋规划做更多安排。

由于新的行政令未对第13547号行政令建立的海洋规划体系进行调整，基于研究联邦区域级、州级及二者规划衔接性的考虑，本书选取《东北区域海洋规划》（*The Northeast Ocean Plan*）、东北区域马萨诸塞州的《马萨诸塞州海洋规划》（*Massachusetts Ocean Management Plan*）与东北区域罗得岛州的《罗得岛海洋特殊区域管理规划》（*Rhode Island Ocean*

---

① 方春洪.海洋发达国家海洋空间规划体系概述［J］.海洋开发与管理，2018（4）：51-55.

Special Area Management Plan）作为研究对象，分析其规划具体内容和实施协调管控措施，并对其可参考借鉴内容进行讨论。

第二节　东北区域海洋规划

一、规划背景与内容概述

2005 年，美国新英格兰地区成立了东北区域海洋委员会（Northeast Regional Ocean Council, NROC），以协调该地区海洋管理。2009 年，东北区域海洋委员会开始建立东北海洋数据门户，整合东北区域海洋生态、经济和文化等方面的数据，为解决海洋管理问题提供决策支持，为《东北区域海洋规划》编制奠定了基础。

《东北区域海洋规划》（*The Northeast Ocean Plan*）是 2010 年第 13547 号行政令的直接结果，由 2012 年成立的东北区域规划机构（Northeast Regional Planning Body, NERPB）负责编制。东北区域规划机构由来自新英格兰 6 个州（康涅狄格州、罗得岛、马萨诸塞州、新罕布什尔州、缅因州及佛蒙特州）、6 个联邦政府承认的部落、9 个联邦机构和新英格兰渔业管理委员会（New England Fishery Management Council, NEFMC）的代表组成。经过多次公众评议，《东北区域海洋规划》草案于 2016 年春季发布，2016 年 12 月获得国家海洋委员会的认证并生效。[①]

《东北区域海洋规划》旨在通过获取最新科学数据，加强政府间的协调、规划和政策执行，促进公众参与海洋资源管理，以实现保护和提升新英格兰地区海洋生态系统的核心目标。[②]《东北区域海洋规划》没有在

---

① NERPB, Northeast Ocean Plan, 2016, p. 7.

② 同①, p. 14。

规划中建立具体规划分区，而倾向数据基底建设、已有政策总结和宏观监管框架，为涉海决策以及东北区域内各州规划的编制提供可视化数据支撑和政策管控目标。规划阐述了规划意义、规划过程和规划目标，重点叙述了管理监管框架与规划实施评估两个部分的要求，并指出了未来科学研究的优先事项。

《东北区域海洋规划》的规划目标为：维护海洋与沿海生态系统健康、促进有效决策和提升海洋用途兼容性[1]，同时要求定期对目标的实现进展进行评估[2]（表4-1）。科学研究优先事项是指目前研究的空白点，亟待在未来工作中完善的内容（表4-2）。

表4-1　东北区域海洋规划规划目标

总要求	细则
健康的海洋和沿海生态系统	描述该地区的生态系统、经济和文化资源 识别并支持现有的非监管手段，以保护、恢复和维护健康的生态系统 制订区域海洋科学计划，优先考虑该区域未来5年的海洋科学研究重点和数据需求
有效决策	协调现有的联邦和州决策程序 落实具体行动，提升公众对决策的关注度 将地图等产品应用纳入机构决策过程 在决策过程中加强对原住民习俗和传统的尊重 在决策过程中加强与地方社区的协调
过去、现在和未来海洋用途的兼容性	增加对海洋利用与海洋和沿海生态系统之间过去、现在和未来相互作用的了解 确保将区域议题纳入对现有和新增人类活动的评估

---

[1]　NERPB, Northeast Ocean Plan, 2016, p. 8.

[2]　同[1]，p. 27。

表4-2　科学研究优先事项

科学研究优先事项	主要内容
提高对海洋生物及其栖息地的理解	（1）开展海洋生物及其栖息地的调查； （2）继续扩展对海洋生境的分类及海洋资源的地图绘制； （3）更好地理解海洋生物物种与栖息地之间的关系； （4）通过数据及衍生产品更好地识别与表征重要生态区域
提高对部落文化资源的理解	（1）识别水下考古及古文化景观； （2）利用海洋生物及栖息地数据识别具有文化意义的区域
表征变化的环境对当前海洋资源及海洋利用产生的影响	（1）表征现有人类活动对海洋的影响； （2）海洋资源利用的非市场价值评估； （3）评估人类活动之间的相互作用
研究特定压力因素下海洋资源的脆弱性特征	（1）特殊压力因素下（如水底扰动、水下基础设施建设等）海洋生物的脆弱性研究； （2）特殊压力因素下底栖生境及浮游生境的脆弱性评估
表征环境变化对当前海洋资源及利用产生的影响	（1）气候变化导致的海洋、栖息地和物种变化趋势； （2）海洋生物及栖息地的气候变化脆弱性评估； （3）海洋环境变化对人类活动的影响
基于前5项研究更好地了解人类活动与海洋生态环境之间的关系	包括累积效应、生态系统服务产品及价值、重要区域的生态框架等

下文将重点对《东北区域海洋规划》规划监管框架和规划实施评估进行详述。

二、规划监管框架

规划监管框架描述了东北区域10种海洋生态资源及涉海人类活动的监管要求，包括海洋生物与栖息地（Marine Life and Habitat）、文化资源（Cultural Resources）、海上运输（Marine Transportation）、国家安全（National Security）、商业与休闲捕鱼（Commercial and Recreational Fishing）、

娱乐（Recreation）、能源与基础设施（Energy and Infrastructure）、水产养殖（Aquaculture）、海砂资源（Offshore Sand Resources）以及修复区（Restoration）。对每种海洋资源或活动明确了以下内容：①该海洋资源或活动对海洋管理的重要性；②与该海洋资源或活动有关的法规和管理机制；③东北区域数据信息系统（东北海洋数据门户）提供的相关地图和数据；④东北区域规划机构确立的相关管理措施，包括加强跨部门协调、监管和管理决策及保持网站数据的更新等内容。监管实施则是基于东北海洋数据门户提供的相关数据，对用海申请进行具体评判。

（一）东北海洋数据门户

东北海洋数据门户是一个可公开访问的在线数据库，汇总了东北区域有关海洋生态、经济和文化等数据。门户建设的目标是成为一个权威的区域信息共享源，为政府和相关组织机构提供与海洋活动相关的决策支持。[①] 该门户提供丰富的科学数据和地图，可以根据用户需要进行自定义展示，也可按照主题分类进行浏览，同时支持下载底层数据集。

门户的数据来源于各政府部门及相关组织机构，并通过专家审查后纳入数据库。其数据主题分类与《东北区域海洋规划》一致。门户的更新和维护在东北区域规划机构的监督下进行（图4-2）。

1. 海洋生物与栖息地

海洋生物与栖息地数据由多个科学工作组及相关组织部门提供。重点包含海洋生物（如海洋哺乳动物、海龟、鸟类和鱼类）及栖息地的空间地理信息。[②]

---

① NERPB, Northeast Ocean Plan, 2016, p. 21.
② 同①, p. 44。

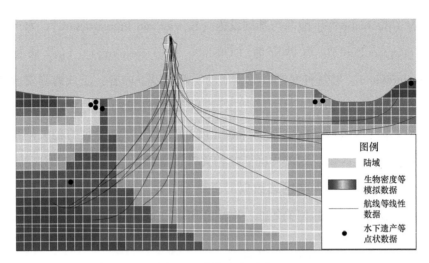

图 4-2　数据门户示意

　　从数据分类上来看，海洋生物地图主要包含总丰度和物种丰富度等数据，并可按照生态群、管理保护等级、压力敏感性分组（鸟类还可按照近岸和远洋空间分组），或针对单一物种进行查看。根据生态群分类有利于从生态系统的角度进行决策；根据压力敏感性分类，有利于更好地考虑海洋生物和人类活动之间的相互作用和兼容性，尤其是人类活动对生态系统的潜在影响。

　　而栖息地地图则分为物理栖息地和生物栖息地。对海洋生物与栖息地数据的分类和定义总结见表 4-3。

表 4-3　海洋生物与栖息地数据分类及定义

类别	分类方式	定义
海洋生物	生态群	具有相似特征或生活环境的物种
	管理保护等级	保护物种或受关注的物种
	压力敏感性	物种对外来压力源的敏感程度
栖息地	物理栖息地	包括沉积物类型、海底形态、海洋学属性等地质属性
	生物栖息地	海洋生物分布及叶绿素浓度等水环境生物特征

海洋生物地图按照单一物种查看时，可以以月为时间单位分别显示。其空间分布情况通过网格密度模型进行模拟。单一物种主要包括大西洋斑点海豚、蓝鲸、座头鲸、虎鲸、北大西洋露脊鲸等保护物种或受关注的物种。

栖息地地图则可以显示不同要素的不同维度信息。如物理栖息地包括沉积物类型、海底形态、海洋学属性等要素信息，沉积物类型可以根据近岸地表沉积物分类和沉积物稳定性等不同维度显示。生物栖息地则包括浮游动物、蔓草草甸、潮汐沼泽植被、贝类栖息地、深海珊瑚和其他底栖动物等要素属性信息。

2. 文化资源

文化资源信息包括国家历史遗迹名录（National Register of Historic Places）中各州的历史街区（面）和遗址（点）的信息、沉船和障碍自动信息系统（Automated Wreck and Obstruction Information System, AWOIS）所记录的沉船信息、斯特勒威根海岸国家海洋保护区、国家公园管理局（National Park Service, NPS）管理边界，以及其他公园和保护区信息。其中，国家历史遗迹名录由国家公园管理局负责，[1] 各类公园和保护区分类展示。

3. 海上运输

海上运输主题包括导航和商业交通两个部分[2]。数据大多数由美国海岸警卫队提供。导航地图要素包括锚地、航道等导航相关要素，用以维护航行安全。商业交通地图由船舶自动识别系统（Automatic Identification

---

[1]　NERPB, Northeast Ocean Plan, 2016, p. 66.

[2]　同①，p. 74。

System，AIS)衍生的图层组成。它显示了 2011—2020 年大型商业货物、油轮、拖船、客运船、捕鱼船、游船或其他船只的船舶过境数量或相对密度，并可以按照月份展示。

4. 国家安全

国家安全主题包括①军事设施、警告区、综合靶场区域、潜艇过境通道、测试靶场和其他区域等。

5. 商业与休闲捕鱼

商业与休闲捕鱼主题主要包括商业船舶活动和休闲捕鱼活动数据②。

商业船舶活动主题描绘了商业捕鱼作业船舶的空间足迹，主要为 2006—2016 年某段时间内捕鱼作业船只的相对密度。数据来源于国家渔业管理局维护的船舶监管系统，并通过速度阈值（小于 4 节）来区分捕鱼活动和船只过境。

休闲捕鱼活动主题显示了社区单元与捕鱼地点之间的联系重要性。③重要性以"渔日"来衡量，其依据是船只在特定区域捕鱼的天数和船员人数。该主题地图可以按照区域或港口分类显示。按照区域分类，可显示所有港口出海的船只在不同区域使用不同渔具捕鱼的情况，如哪些地方使用底拖网捕鱼更为频繁；按照港口分类，则显示选定港口渔船的重点捕鱼区域④。

---

① NERPB, Northeast Ocean Plan, 2016, p. 85.

② 同①，p. 92-93。

③ 根据联邦船舶旅行报告（Federal Vessel Trip Report, VTR）数据（旅行日期，齿轮类型，船上船员人数，旅行地点）与船舶许可数据（船舶长度，与每艘船关联的港口）关联计算得到。

④ 定义为来自该港口的渔船 90%的捕鱼活动在此区域进行。

6. 娱乐

娱乐主题主要包括划船、观鲸、潜水区、休闲公园和海岸利用调查数据。数据来自2012年东北休闲划船者调查（2012 Northeast Recreational Boater Survey）、2014年11月至2015年3月个人用户调查以及东北沿海和海洋休闲活动特征研究（Northeast Coastal and Marine Recreational Use Characterization Study）等。

划船部分包括休闲划船密度、休闲划船路线以及远距离帆船比赛数据[①]。休闲公园部分包括海滩和公园数据。海岸利用调查部分包括钓鱼、游泳、野生动物观赏、休闲划船等活动数据。

7. 能源与基础设施

能源与基础设施主题地图包括能源基础设施、管道设施、可再生能源项目区域等要素，同时提供已批项目和审查中项目数据查询。[②]

能源基础设施分类展示了可再生能源设施、沿岸能源设施和海上液化天然气站点。其中，沿岸能源设施对各要素点进行了分类，包括生物能、煤、天然气、水电、核能、石油、太阳能、风能及其他类型能源。管道设施分类展示了陆上和海上电缆，包括输变电站、输电线路、液化天然气管道、海底光缆等。可再生能源项目区域展示了可再生能源项目分布情况。

已审批项目图层标注了已获得许可并可能已开始建设的项目位置和范围（包括管线）。审查中项目则对正在审查但尚未批准项目的特定数据（如拟建电缆线路、布局等）进行显示。

---

① NERPB, Northeast Ocean Plan, 2016, p. 101.

② 同①, p. 109。

8. 水产养殖

水产养殖主题包括水产养殖和贝类管理区域[1]。

水产养殖现状地图按照养殖类型和贝壳床管理属性分类显示，区分了贝类、有鳍鱼类、海藻养殖和其他养殖类型，并可分别显示休闲贝壳床（可用于娱乐性采集）、州管理级贝壳床及城镇管理级贝壳床。

贝类管理区域地图则按照批准、有条件批准、有条件限制、有条件限制以保育（仅用于缅因州在部分情况下保障贝类收获）、禁止和限制6类利用管理分类显示。

9. 海砂资源

目前，没有海砂资源地图，但海洋生物、栖息地及人类活动等主题地图可帮助识别与采砂相关活动的潜在冲突。数据主要来源于过去10年联邦政府在该地区进行的所有高分辨率多波束声呐调查、对沉积物和海床类型的资料汇编以及关于海洋和现有人类活动的相关信息[2]。

10. 修复区

修复区主题地图显示了潜在的生态修复项目的位置，项目数据来源于东北地区规划机构的生态修复小组委员会。生态修复项目分类展示，并且每个项目点都有项目描述，包含对需恢复的生态功能的描述、项目网站链接、项目阶段、资金成本以及修复长度或面积等信息[3]。同时还提供了河流、池塘等水体和沼泽植被的底图信息，旨在为修复项目提供背景信息。

---

[1] NERPB, Northeast Ocean Plan, 2016, p. 120.

[2] 同[1], p. 129。

[3] 同[1], p. 139。

（二）管控措施

规划对 10 种海洋资源和活动的管控均设置了不同的措施要求，具体见表 4-4[①②]。

表 4-4　10 种海洋资源和活动的管控措施

序号	用海类型	行动	措施
1	海洋生物与栖息地	维护和更新数据	更新海洋生物与栖息地数据；确保数据每 5 年更新一次；继续完善重要生态区域框架，充分发掘数据产品的潜在用途；利用海洋生物与栖息地数据作为监测生态系统健康的关键投入
		监管和管理决策	在可行的范围内，东北区域规划机构将使用海洋生物与栖息地数据，在联邦法律监管下进行审查；使用海洋生物与栖息地数据明确管理责任；使用海洋生物与栖息地数据进行其他管理活动
2	文化资源	维护和更新数据	维护和更新门户上的地图和数据；将其他地图和数据合并到门户中
		监管和管理决策	使用海洋规划和数据门户来确定环境和监管评估过程中的潜在影响；确定可能受影响的部落和利益相关者
3	海上运输	维护和更新数据	维护门户网站上现有的地图和数据；通过分析提供额外的数据
		监管和管理决策	使用海洋规划和数据门户进行海上运输基础设施的定期运营和管理；在审查申请活动时，使用海洋规划和数据门户确定冲突和潜在影响；使用海洋规划进行航行项目管理；继续与海事利益相关者接触，以了解目前的趋势和新增活动对海洋运输的潜在影响

---

①　NERPB, Northeast Ocean Plan, 2016, p. 56, p. 70, p. 76, p. 86, p. 96, p. 102, p. 110, p. 122, p. 130, p. 140.

②　黄小露，王权明，李方，等 . 美国东北部海洋空间规划简介及对我国的借鉴［J］. 海洋开发与管理，2019，36（9）：3-8.

137

续表

序号	用海类型	行动	措施
4	国家安全	维护和更新数据	维护和更新数据门户上的国家安全地图和数据
		监管和管理决策	通知军事活动的管理和规定
5	商业与休闲捕鱼	维护和更新数据	维护数据门户上现有的地图和数据；开发更多的区域地图和商业与休闲渔业数据
		监管和管理决策	通报监管机构和环境审查机构对拟申请项目对商业与休闲渔业的潜在影响的评估；确定潜在的受影响的商业与休闲渔业利益相关者
6	娱乐	维护和更新数据	维护门户网站上现有的地图和数据；开发和整合有关娱乐活动的其他数据
		监管和管理决策	通知监管机构和环境审查机构评估对休闲活动可能产生的影响；确定可能受影响的休闲利益相关者
7	能源与基础设施	维护和更新数据	维护数据门户上现有的地图和数据；在可行的情况下，提供和能源与基础设施有关的额外区域数据
		监管和管理决策	提供海上可再生能源开发商业租赁信息；将规划地图和数据纳入与新的近海能源或海底电缆建议相关的环境审查；确认并公布潜在受影响的利益相关者；改善与可再生能源发展相关的行业和利益相关者的联系；确保政府机构使用规划和数据门户，并同时推荐给项目负责人；公布研究和发展进度
		加强机构协调	加强与海上能源开发有关的政府间协调
8	水产养殖	维护和更新数据	维护数据门户上的水产养殖地图和数据；确定更多信息以支持水产养殖选址
		监管和管理决策	对现有水产养殖业的潜在影响进行监管和环境评估；对申请的水产养殖业务进行许可制度、租赁制度和环境审查；确保机构和项目支持者使用规划和数据门户
		加强机构协调	继续跨机构协调，以通报监管和选址问题；协调支持和促进海水养殖的国家和区域举措

序号	用海类型	行动	措施
9	海砂资源	维护和更新数据	维护资源识别和外大陆架资源利用的有关数据集；在数据门户上开发近海海砂资源主题数据
		监管和管理决策	对未来海砂资源数据收集和评估的区域进行表征；将规划和数据门户纳入与识别或使用海砂资源有关的环境审查中；确保机构使用规划和数据门户
		加强机构协调	继续区域合作，查明海砂需求和潜在的海砂资源；在资金允许的情况下，对海洋沉积物资源进行额外的地质和生物调查，并推进沉积资源利用的政府间协调
10	恢复区	维护和更新数据	维护和更新数据门户的恢复区主题和数据；维护和更新资金来源清单
		监管和管理决策	利用规划中确定的地图和资金来源确定区域生态恢复的机会
		加强部门协调	继续通过小组委员会在东北区域规划机构的指导下进行区域协调

三、规划实施评估

东北区域海洋规划实施评估框架主要包括 3 个部分：规划实施责任、政府间协调以及监管评估。规划实施责任部分明确了规划定位和实施主体责任；政府间协调部分明确了不同主体之间的协调机制；监管评估部分明确了对东北区域海洋规划目标绩效及生态系统情况的监测评估。

（一）规划实施责任

区域海洋规划是在现有法律和管理机制下为管理部门提供全局性信息，以协助管理部门进行决策。东北区域规划机构仅为规划管理机构，没有法定职权指导联邦、州或部落的用海实践。① 其主要负责的内容包括：促进各主体协调合作以达成规划目标；规划更新和修订（包括数据门户的维护更新；促进公众参与）；规划实施监管评估及确定优先考虑的科学事项。

（二）各层级政府间协调

各层级政府间协调总体目标是协调各主体的利益并加强各主体对海洋管理决策的参与，包括信息的收集、分享和使用，以及召开与规划、租赁、管制、研究或其他海洋管理活动有关的环境审查会议和程序。协调主要包括联邦机构之间的协调、联邦与部落协调、联邦与州协调 3 种类型。② 对于联邦和各州之间的协调合作而言，根据《海岸带管理法》，各州可以通过联邦一致性规定，审查在联邦水域的联邦项目活动（包括发放许可证或执照），即各州可以向国家海洋与大气管理局请求对特定活动进行审查，或要求项目中包含区域地理位置描述，以用于联邦一致性审查。同时，规划要求东北区域规划机构在任何规划、管理或监管行动中应尽早与东北各州进行协调协商。

▶▶▶

《海岸带管理法》与联邦一致性

根据 1972 年《海岸带管理法》，沿海州的管辖范围被定义为沿海岸线向海延伸 3 海里。各州在其管辖的海洋和沿海地区有决策和规划的权利与责任。联邦则在州水域内对国防、航海和州际贸易等优先事务，以及覆盖外层大陆架和专属经济区的联邦水域的规划和决策中发挥主导作

---

① NERPB, Northeast Ocean Plan, 2016, p. 154-162.
② 同①, p. 145。

用。联邦政府对州控制的地区和资源的权力有限，因此，联邦政府主要依靠资金制度等间接手段来鼓励和敦促联邦政府与相应的州机构和项目之间的合作。

《海岸带管理法》确立"为这一代和后代保留、保护、开发并在可能的情况下恢复或改善国家海岸带的资源"的目标，旨在"鼓励和协助各州通过制定和实施管理方案，有效地履行其在沿海地区的责任，以实现沿海地区土地和水资源的合理利用……"①。负责《海岸带管理法》实施管理的联邦机构——美国商务部（Department of Commerce）与国家海洋和大气管理局（National Oceanic and Atmospheric Administration，NOAA），通过联邦资金技术支持和联邦一致性审查等制度，以正面激励而非处罚的方式使各州能够考虑自身沿海利益并满足其发展战略需求。

一方面，联邦对符合下述要求的州提供资金支持。每个沿海州可以向商务部提交沿海区域管理计划（Coastal Zone Management Programs）。《海岸带管理法》规定了各州为获批准必须在其沿海区域管理计划中包含的项目要素：沿海地带边界的识别、沿海地带内许可的土地和水资源利用的相关规定，以及用于实施管理计划的组织结构等。如果沿海区域管理计划符合联邦要求并得到批准，则各州可以每年获得联邦资金以支持计划实施。各州自愿编制沿海区域管理计划，但联邦提供的资金是基于各州沿海区域管理计划的批准。

另一方面，通过联邦一致性审查激励各州参与沿岸及海洋管理。根据《海岸带管理法》要求，"由联邦机构实施或支持的直接影响沿海地区的活动，应在最大程度上符合已批准的州管理计划中的可执行政策"，即确保联邦活动与联邦批准的各州沿海区域管理计划一致。可执行政策指通过宪法、规定、法律、条例、土地使用计划、司法或行政决定等具有

① 16 U. S. Code § 1452 – Congressional declaration of policy, § 303 (1) & (2).

141

法律约束力的州政策。根据可执行政策，各州对沿海地区的私人和公共土地、用水和自然资源实行控制。《海岸带管理法》授权各州审查联邦项目、联邦资助项目和获得联邦许可证和许可的项目（包括在外大陆架计划中详细描述的活动）的权力，以确保这些项目遵守了州规定的可执行政策。这个过程被称为联邦一致性审查。联邦一致性要求不仅适用于州沿海地带内的联邦行动，也适用于毗邻的外大陆架和专属经济区内获得联邦许可或允许的活动，包括需要联邦许可的活动、外大陆架活动、联邦机构活动和联邦对州援助4类。①

>>

（三）监管与评估

东北区域海洋规划监管评估框架主要包括两个方面：规划绩效和生态系统健康。

规划绩效监管通过系统性方法评估规划目标完成情况，通过评估反馈实现适应性的规划实施。由于数据限制、因果导向不明确等原因，定量评估规划绩效相对困难。因此，东北区域规划机构提出要根据目标—结果导向、确定评估基线、纳入公众参与等原则明确适量的定性与定量指标，跟踪分析数据并报告结果。②

生态系统健康监管的重点是了解海洋生态系统的变化，目的是监测生态系统的健康状况，以帮助管理人员识别可能需要注意的问题。但是

---

① Yost W . Examination of the Federal Consistency Provision of the Coastal Zone Management Act in Rhode Island［J］. Sea Grant Law Fellow Publications 21, 2011.

② NERPB, Northeast Ocean Plan, 2016, p.162-164.

在处理复杂、动态的海洋环境时，可能很难具体确定因果关系。因此，一方面，东北区域规划机构使用海洋健康指数（Ocean Health Index，OHI）来监测和评估生态系统健康。海洋健康指数考虑了海洋和依赖海洋的沿海社区的物理、生物、经济和社会因素；使用可获取的数据进行分析并对每个要素评分；最终提供多角度的总结分析结果。海洋健康指数依赖于可获取的数据，并为此后的评估比对提供了基线。① 另一方面，制订了综合哨兵监测网络（Integrated Sentinel Monitoring Network，ISMN）计划，致力于长期监测底栖、远洋和沿海生态系统。

四、小结

美国海洋空间规划的总体思想是基于利益协调进行用海规划，强调冲突协调，对具体空间的管控指引不强。因此，东北区域海洋规划没有明确的海洋综合分区方案对海洋区域使用进行管控，而是基于海洋数据网站上各用海类型的现状数据、生态资源分布等综合性数据，针对用海请求进行具体评判。② 在这一过程中，数据库支撑和规划协调是东北区域海洋规划实现的关键节点。

（一）数据库支撑

东北区域海洋规划重点统筹了海洋环境及经济文化相关数据。其将各类数据整合到统一数据平台，即东北海洋数据门户，进行数据存储并提供查询、下载、分析及管理服务，实现数据公开和共享。东北海洋数据门户的数据来源于政府部门、科研机构乃至公众调查，并经过审查后，按照规

---

① NERPB, Northeast Ocean Plan, 2016, p. 164
② 黄小露、王权明、李方，等. 美国东北部海洋空间规划简介及对我国的借鉴［J］. 海洋开发与管理，2019（9）：3-8.

划的主题进行分类。门户展示了海洋生态系统的多样性，并说明了人类活动与资源环境的相互影响，为海洋开发建设活动的审查提供了依据。

（二）规划协调

美国联邦与州的关系相对松散，区域和州层级的规划上也更多依靠协调而非强制性命令进行"传导"。针对海洋空间规划，东北区域海洋规划以《海岸带管理法》为法律基础，通过财政手段和独特的联邦一致性审查手段，为实现联邦制下不同利益主体的协同合作提供了有效路径。联邦一致性审查给予了各州编制州规划的权利自由，保障了州层级的利益诉求；同时依靠财政激励，实现了联邦层面对规划中开发利用与监管要求等重点事项的管理。

第三节 马萨诸塞州海洋规划

一、规划概况

为应对海洋环境保护和社会经济发展的一系列挑战，马萨诸塞州州长于2008年签发了马萨诸塞州《2008海洋法》（*The Oceans Act of* 2008），要求建立海洋综合管理规划制度，并规定由该州能源和环境事务执行办公室（Executive Office of Energy and Environmental Affairs, EEA）具体执行。2009年，马萨诸塞州首部海洋规划（Massachusetts Ocean Management Plan）发布生效。规划通过为新增用海项目设定选址和管理标准，促进州海域的可持续利用，保护关键的海洋栖息地和重要的赖水利用区域。

《2008海洋法》同时要求颁布实施和管理海洋规划的法规，因此《海洋规划实施条例》（*Implementing Regulations for the Ocean Management Plan*）于2013年发布（2017年修订）。《海洋规划实施条例》规定，为适应科学技术和经济社会发展形势，需至少每 5 年对海洋规划进行一次审查和修订。因此，马萨诸塞州至今共发布了 2009 年、2015 年、2021 年 3 版海洋规划，并在每轮规划中对前一轮规划进行了评估修订。以下重点对 2021 年海洋规划进行介绍，并说明规划历年的变化情况。

二、规划内容

（一）规划基本分区

马萨诸塞州海洋规划的规划区域为海岸线向海 3 海里海域。2021 年，海洋规划对马萨诸塞州管辖海域仅设置了禁止区与多用途区两种分区。在 2009 年和 2015 年规划中，马萨诸塞州还划定了两个风能区，但由于新的数据评估显示马萨诸塞州水域不太适合发展商业风能等原因，2021 年海洋规划中取消了风能区，仅保留多用途区和禁止区。①

禁止区的范围与马萨诸塞州科德角海洋保护区范围一致，主要位于科德角国家海岸地区沿岸。在该区域内，一系列开发利用活动被禁止，具体要求与马萨诸塞州《海洋保护区法》(*Massachusetts Ocean Sanctuaries Act*) 中相关规定一致。

多用途区则为规划区域内除禁止区以外范围。多用途区对马萨诸塞州《海洋保护区法》允许的所有用途、活动和设施开放，包括但不限于船舶活动，船舶废弃物排放，商业与休闲渔业，市政、商业或工业设施运维，城市污水排放，航道疏浚，采砂，鱼类、贝类养殖，科研活动，可再生能源发电设施，管廊，海岸防护工程，导航项目及其他经法律授权的公共性项目（如天然气管道、水管、废水和雨水管道等）。

---

① Executive Office of Energy and Environmental Affairs, 2021 Massachusetts Ocean Management Plan, p. 5-6.

除了多用途区和禁止区外，规划还额外划定了 13 个特殊敏感区（special, sensitive, or unique, SSU）① 以及 6 个赖水利用区（water-dependent use, WDU）②，以在申请阶段对用海项目进行指导，要求用海项目对于其拟选址区域对特殊敏感区和赖水利用区产生的干扰及减轻措施进行论证。③ 2021 年规划的特殊敏感区和赖水利用区见表 4-5。

表 4-5　2021 年规划的特殊敏感区和赖水利用区

分区	具体类型
特殊敏感区	北大西洋露脊鲸核心栖息地（North Atlantic Right Whale Core Habitat） 座头鲸核心栖息地（Humpback Whale Core Habitat） 长须鲸核心栖息地（Fin Whale Core Habitat） 玫瑰燕鸥核心栖息地（Roseate Tern Core Habitat） 特别关注燕鸥核心栖息地［Special Concern（Arctic, Least, and Common）］ 海鸭核心栖息地（Sea Duck Core Habitat） 白腰叉尾海燕重要筑巢栖息地（Leach's Storm-Petrel Important Nesting Habitat） 海燕重要筑巢栖息地（Tern Core Habitat） 群居水鸟重要筑巢栖息地（Colonial Waterbirds Important Nesting Habitat） 硬/复杂海底地形（Hard/Complex Seafloor） 大叶藻区（Eelgrass） 潮间带滩涂（Intertidal Flats） 重要鱼类资源区（Important Fish Resource Areas）
赖水利用区	高商业捕鱼价值区（High Commercial Fishing Effort and Value） 集中休闲渔区（Concentrated Recreational Fishing） 集中商业航运区（Concentrated Commerce Traffic） 集中商业捕鱼区（Concentrated Commercial Fishing Traffic） 集中休闲船类活动区（Concentrated Recreational Boating） 固定渔业设施区（Fixed Fishing Facilities）

① 主要包括特殊、敏感或独特的河口及海洋生物及生境。

② 主要为现有的赖水活动及设施。

③ Executive Office of Energy and Environmental Affairs, 2021 Massachusetts Ocean Management Plan, p. 14.

根据规划评估及修订程序，每轮规划都会根据最新掌握的数据情况对特殊敏感区及赖水利用区范围或类型进行更新。2021 年，马萨诸塞州海洋规划对多个特殊敏感区和赖水利用区的信息进行了更新，同时新增了 1 个赖水利用区类型"固定渔业设施区"，用以描述规划区域内固定渔业设施（允许的水产养殖和捕鱼堰等设施）的位置。表 4-6 和表 4-7 中总结了 2009—2021 年规划对特殊敏感区和赖水利用区信息所做的变更。①马萨诸塞州海洋规划分区的关系如图 4-3 所示。

表 4-6　特殊敏感区变化情况

特殊敏感区	2009—2015 年变化情况		2015—2021 年变化情况	
	趋势（面积）	原因	趋势	原因
北大西洋露脊鲸核心栖息地	增加	数据更新	增加	数据更新
座头鲸核心栖息地	增加	数据更新	增加	数据更新
长须鲸核心栖息地	增加	数据更新	增加	数据更新
玫瑰燕鸥核心栖息地	无变化	—	增加	数据更新
特别关注燕鸥核心栖息地	无变化	—	增加	数据更新
海鸭核心栖息地	新增类型		无变化	—
白腰叉尾海燕重要筑巢栖息地	无变化		无变化	
海燕重要筑巢栖息地	无变化		无变化	
群居水鸟重要筑巢栖息地	无变化		无变化	
硬/复杂海底地形	少量变化	数据更新	减少（小于 2%）	数据更新
大叶藻区	少量变化	数据更新	少量变化	
潮间带滩涂	少量变化	数据更新	无变化	—
重要鱼类资源区	无变化	—	变化显著	数据更新

---

①　Executive Office of Energy and Environmental Affairs, 2021 Massachusetts Ocean Management Plan, p. 14.

表4-7　赖水利用区变化情况

赖水利用区	2009—2015 年变化情况		2015—2021 年变化情况	
	趋势（面积）	原因	趋势	原因
高商业捕鱼价值区	现状使用区域发生变化	数据更新	现状使用区域发生变化	数据更新
集中休闲渔区	现状使用区域发生变化	数据更新	无变化	—
集中商业航运区	现状使用区域发生变化	数据更新	少量变化	数据更新
集中商业捕鱼区	现状使用区域发生变化	数据更新	增加	数据更新
集中休闲船类活动区	现状使用区域发生变化	数据更新	无变化	—
固定渔业设施区	—	—	新增类型	组织提议增加

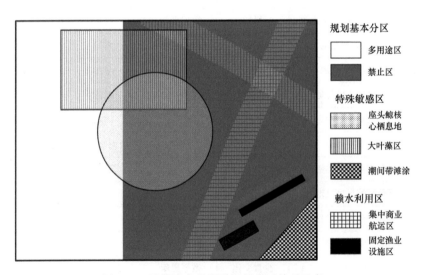

图4-3　马萨诸塞州海洋规划分区关系示意

（二）用海管理

在用海管理上，马萨诸塞州海洋规划通过项目选址审查进行管理，对各类具体项目提出了管理要求，包括总体的项目选址审查和具体项目管理两部分内容。规划用海管理框架如图 4-4 所示。

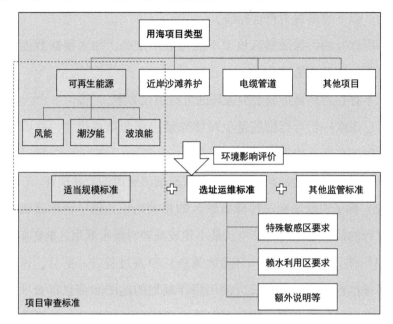

图 4-4　规划用海管理框架

1. 项目选址审查

在海洋规划管理框架下，规划区域内申请的用海活动应在《海洋保护区法》允许范围内，且需要根据《马萨诸塞州环境政策法》（*Massachusetts Environmental Policy Act*，*MEPA*）提交环境影响报告（Environmental Impact Report，EIR）。规划所提出的项目选址运维标准旨在确保项目采用所有可行措施以减轻、最小化乃至避免消极影响，确保项目的公共利益大于其危害。具体标准如下。[①]

---

① Executive Office of Energy and Environmental Affairs, 2021 Massachusetts Ocean Management Plan. p. 18.

149

（1）原则上，规划区域内申请的用海活动不能在相关的特殊敏感区范围内。以下情形视为符合标准。

①所涉及的特殊敏感区地图不规范或不准确，如未根据数据标准和法定流程进行准确描述。

②不存在对环境造成更少破坏的可行替代方案。

③已采取一切可行措施避免对特殊敏感资源造成损害，并确保不会对特殊敏感资源造成重大改变。

④拟申请项目的公共利益大于对特殊敏感资源的公共损害。

（2）除了对受影响的特殊敏感区的相关论证，拟申请项目也必须在切实可行的最大范围内，避免、最小化或减轻对赖水利用区的影响。

（3）作为《马萨诸塞州环境政策法》审查过程的一部分，州能源和环境事务执行办公室秘书长应使用海洋规划的地图和信息审查项目，为拟申请项目的影响范围、替代方案等内容提供分析信息，并可酌情要求拟申请项目对现状利用情况和潜在影响进行额外说明。

2. 具体项目管理

不同类型的用海项目涉及的特殊敏感区和赖水利用区不同，因此规划设定了不同的管理要求。[①] 规划文本中主要阐述了对 3 种用途、活动和设施的管理，包括可再生能源（风能、潮汐能、波浪能）、近岸沙滩养护以及电缆管道。

1）可再生能源

马萨诸塞州《2008 海洋法》对《海洋保护区法》内容进行了修订，修改了长期以来禁止设立发电设施的规定，允许设立符合规划的适当规

---

① Executive Office of Energy and Environmental Affairs, 2021 Massachusetts Ocean Management Plan, p. 17.

模的可再生能源设施，期望发展海洋可再生能源以实现公共利益。同时基于 2008 年联邦颁布的《绿色社区法》（*Green Communities Act*）和《全球变暖解决方案法》（*Global Warming Solutions Act*）等一系列法律，马萨诸塞州承诺在 2050 年实现净"零排放"，并授权州能源和环境事务执行办公室秘书长制定排放限制目标。

基于"零碳排放"的联邦顶层设计和州自身公共利益发展诉求，马萨诸塞州制定并实施了一系列战略和激励措施，以促进可再生能源和清洁能源技术的发展。海上风电的选址、开发和运营是实现碳减排目标的关键，社区规模风能和商业潮汐能也在其中发挥重要作用。[1]

在拟申请项目满足新能源"适当规模"的前提下，规划对社区规模风能、商业规模潮汐能的管理标准以及波浪能的相关考虑进行了具体阐述。

>>>

关于新能源适当规模

由具有监管权限的区域规划局（Regional Planning Agency，RPA）确定其管辖范围内海上可再生能源项目的适当规模，并审查项目的区域影响情况。[2] 针对能源设施适当规模的审查内容包括：保障公共生产活动利益，尽量避免和减少能源项目和设施对捕鱼、捕鸟和航运活动的影响；保障公共安全，能源项目、设施远离人类活动集中的地方，包括航运和商业航行、商业休闲捕鱼以及休闲划船区域；能源项目、设施应避免与

---

[1] Executive Office of Energy and Environmental Affairs, 2021 Massachusetts Ocean Management Plan, p. 20.

[2] 同①，p. 23。

现有用途有重大不兼容；靠近海岸线的项目尽量避免和减少与现有用途的冲突和景观影响；尽量避免和减少能源项目、设施对重要环境资源的影响；对于社区规模的风能或潮汐能项目，所属社区必须支持该项目并出具证明；对于非试点类型项目，必须为社区提供经济效益。

▷▷

（1）社区规模风能管理标准。

社区规模风能管理标准包括相关特殊敏感区和赖水利用区的选址运维标准、能源设施适当规模标准，同时还应符合以下管理要求及其他相关法律。①

①社区规模风能比商业规模风能设施规模更小，更适合社区需要（不分配至区域电网），可以用于服务多个社区。

②马萨诸塞州区域规划机构协会（Massachusetts Association of Regional Planning Agencies，RPA）根据离岸距离、人口数量、总风能潜力等制定了最大涡轮机数量的确定方法，并用其确定了科德角、玛莎葡萄园岛等各区域的最大涡轮机数量。突破该最大涡轮机数量需额外论证使用需求或符合适当规模标准。

③需通过强制性环境影响报告审查。

④需有社区支持该项目的证明文件。社区规模风能相关特殊敏感区和赖水利用区包括除硬/复杂海底地形和重要鱼类资源区外的所有特殊敏感区和所有赖水利用区。

（2）商业规模潮汐能管理标准。

马萨诸塞州部分水域被认为具有潮汐能潜力，但潮汐能利用技术仍

---

① Executive Office of Energy and Environmental Affairs, 2021 Massachusetts Ocean Management Plan, p. 24-25.

在发展中。目前仅有一个未建成的试点项目——马斯凯特海峡潮汐能源项目。潮汐能试点项目如若符合以下规定则视为符合适当规模标准：一是获得联邦能源监管委员会（Federal Energy Regulatory Commission，FERC）试点项目许可；二是符合社区利益标准；三是符合其他现有监管标准。

商业规模潮汐能管理标准则包括相关特殊敏感区和赖水利用区的选址运维标准和以下管理要求及其他相关法律①。

①商业规模的潮汐能设施项目规模大于潮汐能试点项目。潮汐能试点项目应通过试点项目许可程序授权。

②需通过强制性环境影响报告审查。

③在超出《马萨诸塞州环境政策法》规定阈值等情况下，要求由州能源和环境事务执行办公室基于选址运维标准进行审查。

④需有社区支持该项目的证明文件。

商业规模潮汐能相关特殊敏感区和赖水利用区包括大叶藻区、重要鱼类资源区、潮间带滩涂、北大西洋露脊鲸核心栖息地 4 类特殊敏感区和所有赖水利用区。

（3）波浪能管理标准。

规划范围内商业规模的波浪能的发展仍不成熟，管理标准将在未来必要时再行制定。②

2）近岸沙滩养护

基于海岸侵蚀和海平面上升影响，《海洋保护区法》和海洋规划允许为补充海滩或保护海岸而采挖近海海砂。2007 年海岸灾害委员会报告

---

① Executive Office of Energy and Environmental Affairs, 2021 Massachusetts Ocean Management Plan, p. 27.

② 同①。

（Coastal Erosion Commission Report）、2011 年马萨诸塞州气候变化适应报告（Massachusetts Climate Change Adaptation Report）和 2015 年海岸侵蚀委员会报告草案（Coastal Erosion Commission Draft Report）等政策文件呼吁进一步开展工作，以推进前瞻性规划，分析和确定具有适宜沙滩养护资源，且开采不会对特殊敏感区和赖水利用区产生不利影响的潜在区域。[①]

在多用途区域开采海砂资源需要符合相关特殊敏感区和赖水利用区的选址运维标准，包括大叶藻区、长须鲸核心栖息地、硬/复杂海底地形、座头鲸核心栖息地、重要鱼类资源区、潮间带滩涂、北大西洋露脊鲸核心栖息地、玫瑰燕鸥核心栖息地 8 类特殊敏感区和高商业捕鱼价值区、集中休闲船类活动区、固定渔业设施区 3 类赖水利用区。除此之外，还需符合公共利益大于公共损害，砂源监测及项目绩效评估等管理标准。[②]

3）电缆管道

根据规划，电缆管道等线性设施应尽量减少对未来发展的累积影响。线性基础设施应位于共用或相邻的走廊内。同时需按照行业标准，在工程项目之间预留足够的空间，以便进行必要的操作和维修。

电缆和管道项目须符合相关特殊敏感区和赖水利用区的选址标准。电缆项目需关注包括大叶藻区、长须鲸核心栖息地、硬/复杂海底地形、座头鲸核心栖息地、潮间带滩涂、北大西洋露脊鲸核心栖息地 6 类特殊敏感区和固定渔业设施区等赖水利用区。管道项目需关注包括大叶藻区、长须鲸核心栖息地、硬/复杂海底地形、座头鲸核心栖息地、重要鱼类资

---

① Executive Office of Energy and Environmental Affairs, 2021 Massachusetts Ocean Management Plan, p. 33.

② 同①，p. 34。

源区、潮间带滩涂、北大西洋露脊鲸核心栖息地 7 类特殊敏感区和集中休闲船类活动区、高商业捕鱼价值区、固定渔业设施区 3 类赖水利用区。[1]

4) 其他《海洋保护区法》允许的用途、活动和设施

根据《海洋保护区法》允许的、可能具有潜在重大影响的其他项目包括公共服务项目，市政污水处理排放及相关设施，现有市政、商业或工业设施的废弃物排放及相关设施的运维，渠道和海岸保护项目，水产养殖，以及《海洋保护区法》未明确禁止的活动。

这些项目的管理标准在海洋规划中并未具体明确，州能源和环境事务执行办公室秘书长有权根据项目申请人和机构提供的信息或公众意见提起审查。

三、规划实施管理

（一）规划管理责任

1. 州能源和环境事务执行办公室秘书长

《2008 海洋法》规定，所有州机构对州水域活动或项目的授权必须与海洋规划一致。秘书长除了协调机构对项目的审查外，重点职责是确保政策制定、科学研究和监管决策等海洋管理相关的行动与海洋规划的目标一致并推进海洋规划的目标实施。

2. 跨部门海洋管理小组

为确保海洋规划的协调和有效实施，州能源和环境事务执行办公室

---

① Executive Office of Energy and Environmental Affairs, 2021 Massachusetts Ocean Management Plan, p. 37-38.

秘书长指定了一个跨部门海洋管理小组，由海岸带管理办公室（Office of Coastal Zone Management，CZM）担任主席，由环境保护部的湿地和水道项目组（the Department of Environmental Protection's Wetlands and Waterways Program）、渔猎部的自然遗产和濒危物种项目组和海洋渔业部门（the Department of Fish and Game's Natural Heritage and Endangered Species Program and Division of Marine Fisheries），以及《马萨诸塞州环境政策法》（Massachusetts Environmental Policy Act，MEPA）办公室人员组成。跨部门海洋管理小组就海洋规划管理向州能源和环境事务执行办公室秘书长提供协助和建议，尤其针对政策和法规制定及海洋资源和水道信托基金（Ocean Resources and Waterways Trust，该基金介绍见（二）规划协调部分）等方面。①

（二）规划协调

1. 纳入马萨诸塞州海岸带计划（Massachusetts Coastal Program）

在海岸带管理制度下，马萨诸塞州海岸带计划（Massachusetts coastal program）始于 1974 年，由州海岸带资源特别工作组（Governor's Task Force on Coastal Resources）发起，并获得州政府部门、州立法机构、地方官员、环境和其他利益团体、商业组织和公民的广泛参与。1978 年，美国国家海洋和大气管理局批准了马萨诸塞州海岸带计划，使马萨诸塞州成为东部沿海第一个获得联邦批准沿海区域管理计划的州。② 1983 年，马萨诸塞州立法机构在能源和环境事务执行办公室内设立了海岸区域管

---

① Executive Office of Energy and Environmental Affairs, 2021 Massachusetts Ocean Management Plan, p. 41−42.

② Massachusetts Office of Coastal Zone Management, Massachusetts Office of Coastal Zone Management Policy Guide, p. 2.

理办公室（Office of Coastal Zone Management），作为马萨诸塞州海岸带和海洋问题的主要规划和政策制定机构。

马萨诸塞州海岸带计划包括 1978 年《马萨诸塞州海岸带管理计划与最终环境影响声明》（*Massachusetts Coastal Zone Management Program and Final Environmental Impact Statement*）、海岸带管理图集、可执行政策的法律依据和马萨诸塞州海岸带管理政策指南等。[1] 马萨诸塞州海洋规划及实施政策于 2011 年 9 月被正式批准为马萨诸塞州海岸带计划的一部分，以允许海岸区域管理办公室将海洋规划作为联邦一致性审查的依据之一。[2]

>>

海岸带管理制度

基于 1972 年《海岸带管理法》，美国建立了海岸带管理制度，由国家海岸带管理项目（National Coastal Zone Management Program）和州海岸带管理项目（State Coastal Zone Management Program）两个层级组成。国家海岸带管理项目主要包括 3 类项目，即海岸带改善项目（Coastal Zone Enhancement Program）、海岸非点源污染控制项目（Coastal Nonpoint Pollution Control Program）以及海岸与河口土地保护项目（Coastal and Estuarine Land Conservation Program）。海岸带改善项目确定了湿地、海岸灾害、公众侵害、海洋垃圾、累积和次生影响、特殊区域管理规划、海洋和五大湖资源、能源与政府设施选址、水产养殖 9 个关注领域，各州可

---

[1] Massachusetts Office of Coastal Zone Management, Massachusetts Office of Coastal Zone Management Policy Guide, p. 3.

[2] Executive Office of Energy and Environmental Affairs, 2021 Massachusetts Ocean Management Plan, p. 42–43.

选择其中一个或多个领域制定管理项目提交审核以获得联邦资金支持。美国全部 35 个沿岸州、五大湖州和其他领地中，除阿拉斯加州（2011 年退出）以外，均加入了国家海岸带管理项目，并根据《海岸带管理法》和国家海岸带管理项目要求编制了本州的海岸带管理项目。由于各州拥有较大自主权，各州的海岸带范围、管理机构等项目内容有较大差异。

>>

2. 项目管理审查

海洋规划的管理框架包括两类管理区域（即禁止区和多用途区），并描述了保护特殊敏感区和赖水利用区的管理标准。在此框架下，海洋规划的执行通过《马萨诸塞州环境政策法》的管理和审查实施。项目申请人需提交环境影响报告，确定项目的潜在影响，评估选址方案，并描述为尽量避免项目影响而采取的措施。由于特殊敏感区和赖水利用区的管辖权往往属于多个机构，跨部门海洋管理小组负责协调项目审查工作。①

3. 规划实施要素

1）生态补偿机制

《2008 海洋法》创建了海洋资源和水道信托基金，以接收海洋开发缓解费（Ocean Development Mitigation Fees）、联邦拨款或其他信贷等收益。《2008 海洋法》要求任何受海洋规划约束的项目都应缴纳海洋开发缓解费。该费用的目的是用以补偿因海洋开发项目对规划区域的土地、

---

① Executive Office of Energy and Environmental Affairs, 2021 Massachusetts Ocean Management Plan, p. 43.

水域和资源的广泛公共利益和权利造成的不可避免的影响，以及支持海洋栖息地、资源和用途的规划、管理、恢复或增强。如对公共航行影响给付的资金将用于改善航行，对渔业资源影响给付的资金用于渔业恢复和管理计划。其他资金用于环境改善、恢复和海洋资源管理。[①] 商业或休闲捕鱼许可证和执照不收取费用。

　　法律要求能源和环境事务执行办公室根据海洋开发项目的范围、规模以及对受保护资源或用途的影响制定费用标准（表4-8）。经过公众咨询后，2015年海洋规划采用了该费用标准，并且规定该费用标准将基于通胀比率调整修订。[②] 根据项目规模和环境影响，费用标准分为3档，由项目申请人在环境影响报告中举证提议所属的费用档次，经过相关机构或组织和公众的公开评议后，由州能源和环境事务执行办公室秘书长确定最终数额。

表4-8　海洋开发缓解费费用标准（2015年）

类别	项目规模和环境影响	费用标准/美元
一类	（1）项目规模和占地面积有限：项目占地面积一般小于6英亩，项目范围一般限于海底（不包括或只有非常小范围的水层、海面和海上空间）； （2）对栖息地、自然资源或已有的赖水利用情况的影响可以忽略不计，而且持续时间有限（主要在建设或安装期间）	10 000~45 000
二类	（1）项目规模适中，占地面积适中； （2）项目占地面积一般在6~20英亩，项目范围可能包括有限的水层、海面和海上空间； （3）对栖息地、自然资源或已有的赖水利用情况的影响轻微，并且可能不是暂时的	85 000~300 000

---

　　① Executive Office of Energy and Environmental Affairs, 2021 Massachusetts Ocean Management Plan, p. 47.

　　② 同①，p. 45-46。

类别	项目规模和环境影响	费用标准/美元
三类	（1）项目规模和占地面积大或项目复杂； （2）项目占地面积大于 20 英亩，项目范围可能包括中等/主要水层、海面和海上空间； （3）对栖息地、自然资源或已有的赖水利用情况的影响中等，可能会再次发生或在一段时间内持续	500 000~5 000 000

2）马萨诸塞州海洋资源信息系统

海洋规划的一个关键目标是提高数据可用性，并使管理者、利益相关者和公众了解与科学和数据相关的更新。马萨诸塞州海洋资源信息系统（Massachusetts Ocean Resource Information System）允许用户下载与海洋规划相关的空间数据。

四、规划评估修订

（一）评估修订组织机构

公众参与是《2008 海洋法》的一项重要要求，也是海洋规划的基本原则。海洋规划的制定、审查和修订过程包括与专家咨询委员会、州际及联邦政府间协调组织以及科学技术工作组的合作。[①]

1. 专家咨询委员会

专家咨询委员会主要包括海洋咨询委员会（Ocean Advisory Commission, OAC）和海洋科学咨询委员会（Ocean Science Advisory Council,

---

① Executive Office of Energy and Environmental Affairs, 2021 Massachusetts Ocean Management Plan, p. 50.

SAC），两者均根据《2008 海洋法》设立。前者是一个正式的咨询机构，以协助能源和环境事务执行办公室秘书长制定海洋规划。委员会由 17 名成员组成，包括利益相关者、立法者和公共机构的代表。后者主要为海洋规划编制的科学信息和地理空间数据提供支持和咨询建议。

2. 州际及联邦政府间协调组织

涉及马萨诸塞州的主要州际及联邦政府海洋规划协调组织包括：东北区域海洋委员会（Northeast Regional Ocean Council，NROC）、缅因湾海洋环境委员会（Gulf of Maine Council on the Marine Environment）、东北区域沿海和海洋观测系统协会（Northeastern Regional Association of Coastal and Ocean Observing Systems，NERACOOS）。这些组织提供了政府间协调和磋商机会，鼓励了利益相关方的参与，并扩大了海洋资源和利用数据的共享。[①] 例如，马萨诸塞州为东北区域海洋委员会提供了数据，并将东北区域海洋委员会数据门户的信息用于编制马萨诸塞州海洋规划。

3. 科学技术工作组

栖息地、渔业、运输和导航、沉积物和地质、文化遗产和娱乐用途以及能源与基础设施 6 个科学技术工作组的专家协助识别海洋资源和利用情况的重要趋势，并提出科学研究优先事项。

（二）规划评估框架

《2008 海洋法》要求海洋规划适应不断变化的自然地理情况、不断发展的经济社会发展目标以及不断累积的实施经验。因此，评估规划管

---

① Executive Office of Energy and Environmental Affairs, 2021 Massachusetts Ocean Management Plan, p. 52.

理实施的进展情况并追踪海洋资源现状和利用状况的变化是海洋规划的重要内容。

海岸带管理办公室评估海洋规划实施的进展主要通过两个方面：一是对利益相关者的公众调查；二是向 6 个科学技术工作组收集信息。收集的信息主要围绕特殊敏感区和赖水利用区的变化情况。海岸带管理办公室使用一系列标准问题向海洋咨询委员会和海洋科学咨询委员会的成员、利益相关者和公众进行调查，为海洋规划更新或修订提供信息。①

马萨诸塞州海洋空间规划的监测与评估制度是随着规划的执行而逐渐建立的。2009 年版马萨诸塞州海洋空间规划执行的监测和评估指标体系由一般性的治理指标、环境指标和社会经济指标构成。2015 年版规划的监测和评估体系进行了改革，实行双路径监测评估制。2021 年未对规划实施的评估修订体系进行调整（图 4-5）。

双路径监测评估制中，"路径一"是对管理措施和行政措施执行过程和效果及完成目标的情况进行评估，为了识别和评估海洋空间规划的执行管理和选址标准是否需要修改，分为 4 个步骤进行：第一步，确定相关的规划目标；第二步，确定衡量目标是否实现的指标组和具体指标；第三步，对指标进行监测；第四步，评估结果并反馈到海洋空间规划的修订中。

"路径二"是对规划区域的海洋资源现状和利用情况的变化和趋势进行评估，为海洋空间规划内容和管理措施的调整提供依据。"路径二"也同样分为 4 个步骤：第一步，确定需监测、评估的海洋自然资源的现状和使用情况；第二步，确认加入新数据和新信息的必要性；第三步，确认自然资源现状和使用情况的发展趋势；第四步，评估结果并反馈到海洋空间规划的修订中。

---

① Executive Office of Energy and Environmental Affairs, 2021 Massachusetts Ocean Management Plan, p. 53.

图 4-5 2015 年版美国马萨诸塞州海洋管理规划实施监测体系示意

两条监测评估路径彼此相对独立又互相联系，"路径二"的评估结果除了反馈更新其自身的数据指标信息外，也会反馈到"路径一"的管理方法和行政执行的监测评估中，为管理方法和行政执行的改进提供参考，二者共同为海洋空间规划的修订提供借鉴。

（三）规划审查和修订

《2008 海洋法》及其实施条例要求至少每 5 年审查一次海洋规划及其组成部分。[①] 通过审查程序可以进行两种类型的海洋规划修订：规划修改

———————————

① Executive Office of Energy and Environmental Affairs, 2021 Massachusetts Ocean Management Plan, p. 48.

和规划更新。《海洋规划实施条例》对两类修订的标准进行了确定。二者区别见表4-9。

表4-9　规划修改与规划更新对比

类型	性质	主要内容
规划修改	改变海洋规划实质性内容	(1) 修订现有的或设立新的管理区位置或界限（轻微调整除外）； (2) 大幅度修订现有的管理标准或制订新的管理标准； (3) 识别新的或移除当前受保护的特殊敏感区； (4) 确定新的或移除当前受保护的赖水利用区； (5) 其他会对管理框架或地理范围造成重大改变的调整
规划更新	为有效和高效管理而提出的必要改变（范围程度较规划修改小）	(1) 更正勘误表和技术上的差异或错误，或澄清意图； (2) 增加关于现有特殊敏感区或赖水利用区的空间范围或进一步表征的最新数据和信息； (3) 轻微改变现有管理区域的边界； (4) 其他不会对管理架构或地理范围造成重大改变的调整

五、小结

从规划方法上来看，与东北区域海洋规划不同，马萨诸塞州海洋规划对研究区域进行了规划分区并提出了相应的管控政策。其在对沿海资源和生产生活活动进行评估的基础上，将规划范围分为禁止区与多用途区两种基本规划分区；识别受保护的海洋资源和应注意的人类活动范围，划定了13个特殊敏感区及6个赖水利用区；同时针对该地区主要的用海活动，分类提出了审查管理要求，明确了所有用海活动应符合的总体要求及针对具体类目应注意的相关特殊敏感区及赖水利用区要求。同时，规划还将各类用海活动应注意的特殊敏感区及赖水利用区空间范围进行了图示表达，能更好地引导用海申请人针对用海活动建设类型进行区域选址。

从规划管理上来看，马萨诸塞州成立了跨部门海洋管理小组，针对海洋规划管理向规划责任部门提供协助和建议，因而在法律、法规及政策制定上，能够充分协调各部门建议。通过制定《海洋规划实施条例》明确了规划评估修订的具体要求，为实现规划适应性管理探索出了有效路径。规划还制定了海域开发的生态补偿机制，根据项目规模和环境影响需缴纳海洋开发缓解费以补偿开发影响以及支持海洋环境修复。

第四节 罗得岛州海洋特殊区域管理规划

一、规划背景与管理框架

在 1972 年联邦《海岸带管理法》通过后不久，罗得岛州立法机构成立了罗得岛海岸带资源管理委员会（Coastal Resources Management Council，CRMC，以下简称"罗得岛海岸委员会"），其目标是通过制订和实施管理计划以实现海岸带地区土地和水资源的合理利用。罗得岛海岸带资源管理计划（Rhode Island Coastal Resource Management Program，RICRMP）是根据《海岸带管理法》制定的州级海岸带管理项目，并于 1978 年通过联邦批准。该项目中明确，罗得岛海岸委员会的规划职责包括海洋资源开发规划（Marine Resources Development Plan，MRDP）和特殊区域管理规划（Special Area Management Plan，SAMP）两部分。

根据《海岸带管理法》，特殊区域管理规划被认为是实现海岸带资源合理利用的有效工具。海洋资源开发规划作为战略规划，指导特殊区域管理规划的编制实施。罗得岛海岸委员会陆续对美罗湾（Metro Bay）、格林尼治湾（Greenwich Bay）、阿奎德内克岛西区（Aquidneck Island West Side）等多个特定区域制定了特殊区域管理规划。

2004年，罗得岛议会（Rhode Island General Assembly）通过可再生能源标准，要求到2019年可再生能源电力供给比例达到16%。2007年，罗得岛州能源资源办公室（Office of Energy Resources，OER）指出，为实现州长提出的2020年海上风电电力供给比例达到15%的要求，须加大对海上风力发电的投资。因而，罗得岛海岸委员会建议为海洋区域编制特殊区域管理规划，目的是制定全面的管理和监管措施，积极吸引公众参与，并为海上可再生能源选址提供政策和建议。[①]

经罗得岛州议会授权，罗得岛海岸委员会主要负责领导该规划项目，其他参与者包括罗得岛大学（University of Rhode Island，URI）、矿产管理服务局（Minerals Management Service）和美国陆军工程兵团（U. S. Army Corps of Engineers）等联邦机构，以及包括罗得岛州环境管理部（R. I. Department of Environmental Management）在内的州机构。[②]

2010年，罗得岛州《海洋特殊区域管理规划》（*Ocean Special Area Management Plan*，*Ocean SAMP*，以下简称"罗得岛规划"）正式被批准并实施。该规划是罗得岛海岸委员会在海洋特殊区域内实施监管、规划和适应性管理的工具。该规划利用现有科学技术，与资源使用者、研究人员、环保组织以及地方、州和联邦政府机构合作，完善对复杂生态系统的全面认识。该规划划定了罗得岛近海水域的开发利用区域并制定了可执行政策和建议，指导管理部门建立平衡和综合的基于生态系统的管

---

① Rhode Island Coastal Resources Management Council, Rhode Island Ocean Special Area Management Plan, p. 25, Section 150. 3.

② Rhode Island Coastal Resources Management Council, Ocean SAMP factsheet, p. 1.

理办法，对罗得岛的海洋资源进行开发和保护。①

罗得岛规划的总目标是减缓和适应全球气候变化，并促进州、联邦机构与公民利益之间的协调。具体目标包括：①建设生态良性、经济良性的生态系统；②改善并提升现有海域及海岸带的用途；③鼓励海洋经济发展，同时考虑当地社区的需求和州整体经济、社会和环境需求及目标；④制定一个能够协调州与联邦管理机构决策的框架。

罗得岛规划的原则包括：①以公开透明的方式编制规划；②让所有利益相关者参与；③尊重现有生产生活活动；④所有决定均基于现有最先进科学技术研究；⑤建立支持适应性管理的监测和评估体系。②

罗得岛规划的管理政策是以罗得岛海岸带资源管理计划中已有法规为基础进行完善和制定的。罗得岛规划的研究区域包括州和联邦水域，因此，现有监管框架中包括州及联邦的法律、法规和政策，为海洋资源使用提供了政策指导、监管和管理。主要包括表4-10中的州及联邦法律、法规和政策，涵盖了能源、环境、生物、产业、历史等各方面相关要求。③ 管理权力在某些情况下会下放给州，其他情况下则由联邦政府负责。

① Rhode Island Coastal Resources Management Council, Rhode Island Ocean Special Area Management Plan, p. 17, Section 110. 2.

② Executive Office of Energy and Environmental Affairs, 2021 Massachusetts Ocean Management Plan, p. 20-22, 130.

③ 同①, p. 936-947, Section 1010。

表 4-10　州及联邦相关法律、法规和政策

州的法律、法规和政策	联邦的法律、法规和政策
沿海资源管理委员会州管理局（Coastal Resources Management Council State Authority）制定的法律制度 《罗得岛州濒危物种法》（Rhode Island Endangered Species Act） 罗得岛州水产养殖条例（Rhode Island Aquaculture Regulations） 渔业管理相关法律 能源设施选址法（Energy Facility Siting Act） 罗得岛海湾、河流和流域协调小组（Rhode Island Bays, Rivers, and Watersheds Coordination Team, BRWCT）制定的相关制度	《淹没土地法》（Submerged Lands Act, SLA） 《海岸带管理法》（Coastal Zone Management Act） 《国家能源政策法》（National Energy Policy Act） 《国家环境政策法》（National Environmental Policy Act） 《海洋哺乳动物保护法》（Marine Mammal Protection Act） 《联邦濒危物种法》（Federal Endangered Species Act） 《河流和港口法》（Rivers and Harbors Act） 《清洁水法》（Clean Water Act） 《清洁空气法》（Clean Air Act） 美国联邦航空管理局（Federal Aviation Administration Authority）制定的相关规定 《美国海岸警卫队条例》（U. S. Coast Guard Regulations） 《1990 年石油污染法》（Oil Pollution Act of 1990） 《马格努森–史蒂文斯渔业保护和管理法》（Magnuson-Stevens Fishery Conservation and Management Act） 《候鸟条约法》（Migratory Bird Treaty Act） 《候鸟行政命令》13186（Migratory Bird Executive Order 13186） 《国家历史保护法》（National Historic Preservation Act） 国家河口项目（National Estuary Program）的相关要求 《联邦电力法》（Federal Power Act） 《大西洋沿岸渔业合作管理法》（Atlantic Coastal Fisheries Cooperative Management Act）

二、规划范围与主要内容

罗得岛规划的研究范围包括大约 3800 平方千米的布洛克岛湾、罗得岛湾和大西洋的部分区域，毗邻马萨诸塞州、康涅狄格州和纽约州的水域。研究区域中包括州和联邦水域，但实际州管辖范围仍为州水域，

联邦水域的相关内容则为联邦机构制定的规划提供参考。

规划主体内容对研究区域生态、全球气候变化、文化和历史资源、商业与休闲渔业、文娱旅游、海上交通基础设施、可再生能源和离岸开发以及其他未来利用等进行了阐述；并对现有政策框架和罗得岛规划提出的政策要求进行了具体阐释。

三、规划政策

罗得岛规划提出了一般政策（General Policies）和监管标准（Regulatory Standards）。拟建于州水域的海上开发项目受一般政策和监管标准的约束。但在联邦水域中，由于各州没有管辖权，监管标准（作为"可执行政策"）可通过联邦一致性条款适用于联邦水域，而一般政策仅供咨询建议。①

规划所述海上开发项目按照以下方式分类：大型项目（近海风力设施、波浪发电设施、潮流或洋流设施、海上液化天然气平台和人工珊瑚礁等）、小型项目、水下电缆、矿物开采、水产养殖、疏浚及其他在州水域范围内的开发项目。规划政策对不同类别的项目会提出一些具体的要求（图 4-6）。

（一）一般政策

一般政策涉及研究区域的生态、气候变化和主要人类活动，包括文化历史资源、商业与休闲渔业、娱乐旅游、航海基础设施、海上可再生能源和其他形式的离岸开发。

---

① Rhode Island Coastal Resources Management Council, Rhode Island Ocean Special Area Management Plan, p. 952, Section 1100. 5.

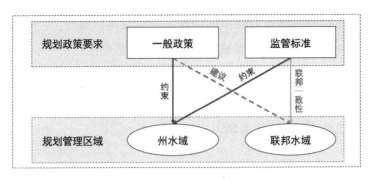

图 4-6　规划政策适用框架

（二）监管标准

监管标准首先提出了总体要求，并对申请、设计、制造和安装、施工前、建造和废弃、监控的各个阶段做了具体规定。[①]

总体要求中，主要对海上开发项目不得对自然资源或人类活动产生重大不利影响进行了规定，涵盖了环境、渔业、商业休闲、生物栖息地、历史文化和视觉景观等方面，同时规定了与渔民咨询委员会（Fisherman's Advisory Board，FAB）、栖息地咨询委员会（Habitat Advisory Board，HAB）等组织机构进行协商的相关要求。

例如，大型海上开发要考虑对渔业活动的影响，需要与渔民咨询委员会进行协商，并且禁止对罗得岛的商业或休闲渔业造成重大长期负面影响的任何其他用途或活动（长期影响被定义为影响超过一个至两个季节）。对文化和历史资源的潜在影响将根据《国家历史保护法》《古物法》（Antiquities Act）以及《罗得岛历史保护法》（Rhode Island Historical Preservation Act）、《罗得岛古物法》（Antiquities Act of Rhode Island）进行

---

① Rhode Island Coastal Resources Management Council, Rhode Island Ocean Special Area Management Plan, p. 972, Section 1160. 1.

评估。审查确定可能影响海洋历史或考古资源的项目，要求进行海洋考古评估。对于非物理影响，可能会要求项目进行视觉影响评估等。

总体要求还提出了相关的生态补偿要求，即对受到项目不利影响的渔业相关群体进行补偿。其措施包括但不限于补偿、努力减少影响、栖息地保护、恢复和建设、改善基础设施等。补偿谈判经罗得岛海岸委员会批准后，在罗得岛海岸委员会、渔民咨询委员会和项目开发商之间进行。补偿谈判是项目申请通过审查批准的必要条件[①]。

根据对自然资源本底和人类活动评估，监管标准中提出了可再生能源区、特别关注区、指定保护区和高密度商业航行区 4 大区域。

1. 可再生能源区

在评估自然资源和已有的人类活动后，规划划定了州水域中最适合发展可再生能源的可再生能源区。[②] 可再生能源区主要位于布鲁克岛（Block Island）周边州水域以内 2 千米除导航区以外区域。该区域是大规模可再生能源项目的首选地点；罗得岛海岸委员会可批准在州水域内其他区域进行可再生能源开发，但须确定对区域内自然资源和人类开发利用没有重大不利影响。大型海上开发应避开被指定为特别关注区域的区域，不得在指定保护区内进行大规模的海上可再生能源开发。

2. 特别关注区

通过栖息地数据、文化和历史特征数据以及人类开发利用数据，在

[①] Executive Office of Energy and Environmental Affairs, 2021 Massachusetts Ocean Management Plan, p. 972, Section 1160. 8.

[②] 同①, p. 973, Section 1160. 1. 2。

州水域中划定了特别关注区（Areas of Particular Concern，APCs）。[①] 划区的目的是保护具有高保护价值、文化和历史价值或人类开发利用价值的区域不受大规模海上开发的影响。这些区域的使用可能受到特定监管机构的限制（如航道），或者存在固有风险（如未爆炸弹药位置），或者具有自然价值或人文价值（如冰川冰碛、历史沉船遗址）。根据实际情况，特别关注区可能会被提升为指定保护区。

　　具体内容而言，特别关注区包括地理特征独特或脆弱，或有重要自然生境的地区；自然生产力高的地区；具有历史意义或文化价值的地区；具有重要康乐价值的地区；航海、交通、军事和其他人类重要领域；以及捕鱼活动频繁的地区。区域具体类型包括：历史沉船、考古或历史遗址及其缓冲区[②]；近海潜水地点（多为历史沉船点）[③]；冰碛[④]；导航、军事和基础设施区域[⑤]；捕鱼活动频繁区[⑥]；海洋休闲娱乐区（休闲划船和帆船比赛）[⑦]；海军舰队潜艇过境通道以及其他由州和联邦机构确定的重要区域。规划中每种区域都配有相应的区域位置图示。

　　在管控要求方面，所有开发项目均应设置在特别关注区外。除非申请人证明在特别关注区以外没有其他破坏性较小的可行替代方案，或项

[①]　Rhode Island Coastal Resources Management Council, Rhode Island Ocean Special Area Management Plan, p. 978, Section 1160. 2.

[②]　遗址名单及其位置由罗得岛州历史保护和遗产委员会确定。

[③]　近海潜水点（其中大多数是历史沉船地点）是宝贵的娱乐和文化海洋资产，对维持罗得岛的娱乐和旅游经济至关重要。

[④]　冰碛是多种鱼类和海洋动植物的重要栖息地。冰川冰碛形成了独特的底部地形，为栖息地的多样性和复性提供了条件，也因此对商业与休闲渔业具有重要意义。

[⑤]　包括军事防护或试验区、存在未引爆药区域、疏浚弃置场、指定航线航道、引航登船区、锚地和沿海 1 千米缓冲区。

[⑥]　由渔民咨询委员会确定的渔业捕捞活动较多的地区。

[⑦]　部分使用率很高的休闲划船和帆船比赛区域。休闲划船和帆船比赛活动集中在这些区域，对维持罗得岛的休闲和旅游经济非常重要。

目不会对特别关注区的价值和资源造成重大改变。审查是否存在可行替代方案时，费用成本不作为考虑因素。罗得岛海岸委员会可要求申请人进行生态补偿。水下电缆项目仅限在特定类别的特别关注区进行。规划明确禁止在以下特别关注区处置疏浚物：历史沉船、考古或历史遗址，近海潜水点，航海、军事和基础设施领域，以及冰碛区域。具体按照美国环保署和美国陆军工程兵手册《海洋疏浚物处置评估》（*Evaluation of Dredged Material Proposed for Ocean Disposal*）进行。需要注意的是，可再生能源区与特别关注区有部分重叠，重叠区域的可再生能源项目的申请应符合特别关注区的管控要求。

3. 指定保护区

指定保护区（Prohibitions and Areas Designated for Preservation）是通过栖息地等生态数据以及科学分析结果进行划定的，目的是保护其生态价值[1]。指定保护区比特别关注区设定了更多保护要求，因为科学证据表明，在这些区域进行大规模的海上开发可能会导致严重的栖息地丧失。

罗得岛规划的指定保护区主要为水深不大于 20 米的海鸭栖息地，主要分布于近岸空间。在管控要求方面，该区域禁止任何大规模的海上开发、矿物开采或其他不利于保护的开发利用活动（水下电缆除外），具体包括：①禁止在潮汐水域和盐池中开采和提取砂石等矿物（为航行目的而进行的疏浚、水道维修、栖息地修复或公众海滩养护等除外）；②禁止在被确定为关键栖息地的区域进行任何近海开发；③除有益的再利用外，禁止所有其他疏浚物的处置。[2]

---

[1] Rhode Island Coastal Resources Management Council, Rhode Island Ocean Special Area Management Plan, p. 990, Section 1160. 3.

[2] 具体按照美国环保署和美国陆军工程兵手册《海洋疏浚物处置评估》进行。

4. 高密度商业航行区

高密度商业航行区的设置是为大规模开发项目提供避让指引。① 高密度商业航行区的定义是在公里网格内有 50 艘或以上船只。

5. 共同利益区

除了州水域内的可再生能源区外,罗得岛州和马萨诸塞州对规划研究区域东部的联邦水域内的可再生能源潜力表示了共同的兴趣,因此规划也划定了共同利益区。② 2010 年 7 月 26 日,罗得岛州和马萨诸塞州州长共同签署了一份谅解备忘录(Memorandum of Understanding, MOU),提出在罗得岛州海岸线以南约 35 千米处设置一个针对海上可再生能源的共同利益区(Area of Mutual Interest, AMI)。该共同利益区基于一系列地质、海洋学、气候学等研究确定。对该区域的识别或讨论不适用联邦一致性政策,各州仅能建议联邦机构对该区域进行进一步完善和考虑。联邦层面由海洋能源管理局(Bureau of Ocean Energy Management, BOEM)负责管理国家沿海资源开发。对于可再生能源管理,《外大陆架土地法》要求海洋能源管理局以竞争性方式授予可再生能源项目的租赁权。

海洋能源管理局鼓励各州参与并对联邦水域内的可再生能源发展提供建议,并通过政府间可再生能源工作组(Intergovernmental Renewable Energy Task Force),实现在联邦、州、地方政府和部落之间协调包括该共同利益区在内的外大陆架可再生能源活动。2005 年《能源政策法》(*Energy Policy Act of 2005, EPAct*)为海洋能源管理局可再生能源管理提供

---

① Rhode Island Coastal Resources Management Council, Rhode Island Ocean Special Area Management Plan, p. 992, Section 1160. 4.

② 同①, p. 846, Section 870. 4。

了一个通用框架。例如，要求海洋能源管理局与相关联邦机构以及受影响的州和地方政府协调，实现租赁款等的公平回报，并确保可再生能源开发以安全和对环境负责的方式进行。

四、规划管理

（一）适应性管理

自 1971 年成立以来，罗得岛海岸委员会一直使用适应性管理的方法管理罗得岛的沿海水域①，即学习借鉴已采用的政策和实践的结果来不断改进管理政策和实践。

罗得岛海岸委员会建立了一个进度评估和监控流程，以评估实现规划目标和原则的进展情况。监控评估持续进行，并可在项目网站上查阅，每半年向公众进行一次正式报告，每 5 年进行一次重大审查。同时还建立了持续性公众参与机制，每半年举办一次公众论坛，汇报和讨论规划的实施情况、目标进展和成果成就。②

（二）协调机制

建立协调机制的目的是确保包括资源使用者以及州和联邦政府机构在内的利益攸关方的共同参与。③ 委员会应进行以下方面的协调。

（1）尽最大可能与罗得岛规划联合机构工作组（Ocean SAMP Joint Agency Working Group）协调工作，该工作组由委员会推动，由联邦和州机构组成，以确定申请人在海上开发的建造、运营和废弃阶段应遵循的

---

① Executive Office of Energy and Environmental Affairs, 2021 Massachusetts Ocean Management Plan, p. 956, Section 1130.

② 同①，p. 957, Section 1130. 6。

③ 同①，p. 958–959, Section 1140。

项目具体要求。

（2）通过渔民咨询委员会，让商业及休闲旅游业相关渔民参与海洋生态环境保护措施的决策过程。渔民咨询委员会就海上发展对商业及休闲旅游业的渔民及渔业活动的潜在不利影响向委员会提供意见，包括评估及规划项目地点、建设和替代方案、微选址及生态补偿措施等。

（3）通过在委员会、联邦和州机构、资源使用者（包括渔民机构、领航员和休闲游船组织）以及海上安全组织之间建立沟通和协调机制，减少开发利用冲突，确保在近海项目建造、运维和废弃阶段的海事和航海安全。

（4）召集科学家小组，就罗得岛海岸及近海区域的局域气候及可能产生的管理后果提出建议。这些信息将使委员会能够积极规划和适应气候变化带来的影响，包括但不限于风暴增加、温度变化、海洋酸化以及海平面加速上升。

（5）在切实可行的最大范围内与州和联邦机构、学术机构、环境组织和其他机构合作，以确保使用了最佳科学技术和模型工具进行决策。技术发展指数（Technology Development Index，TDI）和生态价值地图（Ecological Value Map，EVM）等工具将为未来发展的选址提供信息，并帮助了解研究区域内生态价值最大的区域，然后确定需要保护或发展的区域。

（三）用海项目管理机制

1. 申请要求

规划明确了项目申请所需的文件，并进行了具体阐述。部分重点文件要求如下。

（1）选址评估计划（Site Assessment Plan, SAP）。选址评估计划用于描述申请人计划进行的活动及研究，以确定项目选址的性质。选址评估计划应包括物理特征调查（如地质和地球物理调查或危害调查）和基线环境调查（如生物或考古调查）。

（2）建设运营计划（Construction and Operation Plan, COP）。建设运营计划用于描述申请人对拟申请设施的建设、运营和退废弃的计划。

对于选址评估的数据要求是两年内的或最新的海洋调查数据，因此在可再生能源区内，如果在罗得岛海洋特殊区域管理规划通过的两年内提出申请，申请人可以选择合并选址评估计划与建设运营计划。

选址评估计划和建设运营计划应证明申请的项目活动符合以下要求：①符合所有适用的法律、实施法规；②项目是安全的；③不得不合理地干扰州水域的其他用途；④不对自然资源造成过度损害，如生命体（包括人类和野生动物）、海洋或人类环境、具有考古意义的遗址或物体等；⑤使用最先进和最安全的技术；⑥依据最佳的管理实践经验；⑦使用受过适当培训的人员。①

2. 设计建造标准

认证验证代理（Certified Verification Agent, CVA）应对设施的设计、制造和安装进行独立评估。认证验证代理应在向罗得岛海岸委员会提交的设施设计报告中证明，设施的设计能够承受与拟申请地点的预期使用寿命相适应的环境和功能负载条件。认证验证代理由申请人支付，但由罗得岛海岸委员会批准并向罗得岛海岸委员会报告。

---

① Rhode Island Coastal Resources Management Council, Rhode Island Ocean Special Area Management Plan, p. 995, Section 1160. 5. 3.

3. 预建设标准

罗得岛海岸委员会可颁发为期 50 年的许可证来建设和经营海上开发项目。在施工阶段开始时将签发租赁合同,施工阶段结束时应开始付款,项目开始运作时租赁付款应完成。租赁期满前 5 年,应提交续租申请。任何许可证或租赁的转让均须经罗得岛海岸委员会批准。该要求不适用于水产养殖许可。

4. 建设开发标准

罗得岛海岸委员会要求使用环境督导员来监督施工活动。环境督导员应为第三方,并且获得罗得岛海岸委员会批准。[①]

5. 监测要求

罗得岛海岸委员会应与联合机构工作组协调,确定在施工前、施工期间和施工后的监测要求。具体监测要求应根据项目确定,可包括但不限于监测:海岸过程和物理海洋学、水下噪声、底栖生态学、禽类、海洋哺乳动物、海龟、鱼类和鱼类的栖息地、商业和休闲捕鱼、娱乐和旅游、海洋运输、航运和现有基础设施、文化和历史资源。

五、小结

罗得岛海洋特殊区域管理规划是根据可再生能源开发的相关需求而编制的。规划通过对具体特定区域进行详尽的调查,并围绕可再生能源及其相关资源本底等重点事项进行研究,划定了相关管理和保护区域。

---

① Rhode Island Coastal Resources Management Council, Rhode Island Ocean Special Area Management Plan, p. 1017, 1160. 8.

研究范围包括州水域和联邦水域，管理政策针对州水域和联邦水域内不同权责范围内的设施建设活动具有不同的管控效力。规划明确了州水域内的活动的管控要求：规划中可执行政策的部分，在联邦水域内可以通过联邦一致性对活动进行审查，而针对如可再生能源的共同利益区等非可执行政策的内容，则可以提出建议。同时，联邦通过法律和相关政策鼓励各州对可再生能源开发提出建议。

规划还对用海项目管理的申请、设计建造、预建设、建设开发和监测的全流程确定了管理机制，明确了用海管理的相关要求。罗得岛海洋特殊区域管理规划总体上围绕建设良好生态并考虑经济需求的目标，制定了协调管理决策的框架。

第五节　讨论与思考

一、加快完善海洋空间规划制度建设

从法律制度上来看，美国海洋空间规划发展起步较早，相关法律体系较为完善，对海洋规划的管控政策有较为明确的指导作用。对海洋生物、水体、沿海河口、候鸟、渔业保护和大陆架开发等海洋相关的重点内容均已制定较为具体的法律法规；同时，通过《海岸带管理法》等对海岸带区域综合治理进行了明确规定。相对完善的法律法规对海洋规划的管控政策制定有较为明确的指导作用。

从规划制度上来看，由于美国政府更迭，面向不同时期的社会经济发展目标与政治需求，近几届美国政府所制定的政策取向差异较大，美国区域级海洋空间规划发展的停滞就是其政府更迭且政策不统一的后果。由于美国联邦与州的关系相对松散，联邦级规划对州级规划无强制性约束关系，更多需要依赖协调进行规划"传导"。美国海洋规划通过对具体资源本底要素在空间上落位，明确了管控的具体范围和管控要求，同时针对不同类型的开发利用情况确定了不同的管控要素。通过空间管控要求，结合环境影响评价报告，对具体项目申请进行审批，即以项目为管控对象实现用海管理，既避免了用海活动与环境产生重大冲突，又通过协调用海申请提升了用海效率。

从管理制度上来看，美国在各层级规划中均强调规划适应性管理，定期适时对规划进行评估调整。同时在规划协调、生态补偿等规划管理配套机制上进行了一系列努力，如设立"一致性审查"制度，明确生态补偿要求及标准等。

目前，我国国土空间规划体系仍在建立中。结合我国实践的具体情况，美国海洋空间规划体系可以提供一定的参考借鉴。对我国而言，应重点完善以下3点内容。

（1）应健全完善海洋法律支撑。现行海洋相关法律包括《中华人民共和国海岛保护法》《中华人民共和国海域使用管理法》《中华人民共和国海洋环境保护法》《中华人民共和国港口法》《中华人民共和国深海海底区域资源勘探开发法》等，但目前仍缺乏综合性法律支撑。建议围绕我国海洋的具体情况制定海洋基本法，统领协调海洋有关各领域法律，为海洋保护、开发、利用和管理提供法律保障。

（2）应建立适应性规划调整机制。根据对海域资源本底和利用情况的最新调查，结合"五年一评估"的结果，针对自然资源本底及开发利用需求变化，在海洋空间规划中更新规划底图底数，并对海洋管控空间进行调整评估，完善管控空间调整修订机制。

（3）应完善海洋生态保护补偿制度。中共中央办公厅、国务院办公厅印发的《关于深化生态保护补偿制度改革的意见》对生态保护补偿制度进行了全局谋划和系统设计，在此基础上应完善补偿标准和支付体系，进一步明确生态保护补偿的范围、标准和程序，确保补偿资金的合理使用和监管，通过多样化措施确保补偿资金的有效使用和生态效益的实现。

二、海洋空间规划数字化建设

美国海洋空间规划的总体思想主要是基于利益协调，对具体空间的管控指引不强，对未来的指向性相对较弱，较少直接对区域进行功能规划，而是强调现实冲突的协调，即人类开发活动可以在哪些海域进行以减少或避免生态或经济价值损害。因此，其重点在于基线评估，分析自然资源和人类活动现状及其产生的经济价值和生态价值，并提出相应的管控要求。在这一规划思想的指引下，数据支持成为其规划基石。

从数据基础上来看，美国的海洋空间规划进行了较好的数字化治理。其数据库的数据来源包括各级政府机构、研究机构、协会组织乃至社会公众等提供的数据，同时通过相关专家的严格审查来保证数据的可用性和准确性。区域级海洋空间规划重点描绘了资源本底的情况并提出宏观性的管控目标；而州级海洋空间规划，则基于基础数据的研究分析和判断，对规划关注的内容划分了重点区域，并提出与其相关的资源保护利用管控要求。

从数据共享上来看，由于打通了数据共享通道，横向和纵向不同层级、不同部门的数据均可汇总到统一数据库，区域内的相关规划研究可直接利用该数据库的信息资源，节省了大量的资金成本、时间成本和沟通成本。同时，美国联邦制分散化的特征使联邦、区域和州各层级之间难以形成硬性传导的管控体系，而更多依靠协调管理。不同层级共享数据有助于包括政府、社会组织在内的各利益主体针对具体问题进行协调合作。

从数据应用上来看，通过数据存储、交互式地图和叠加分析工具，美国海洋规划的在线数据库展示了生态资源及人类生产生活活动的信息，为用户提供决策支持。在规划编制阶段，为规划人员提供人类活动与自然环境相互作用的重要信息；在规划审议研讨阶段，可为专家、利益相关者和公众提供便捷、直观的数据展示；在规划实施项目审查阶段，申请人可有针对性地查看相关的资源及生产利用情况，审批人员也可针对项目具体情况提出审查意见。

我国是海洋大国，海岸线绵长、海域辽阔、海岛众多，海洋资源丰富。海洋高质量发展离不开海洋自然资源基础信息的支撑。海洋空间规划需要整合大量的生态、经济、文化等方面的空间数据和非空间数据，数据库建设势在必行。总体而言，海洋空间规划要以数据库为支撑，应着重以下几点。

（1）提高数据管理效率。规划将各类数据整合到统一平台，进行数据的存储和管理，能够提高数据的存储效率和共享程度，减少重复收集和维护数据。在我国，由于各政府部门职权不同，数据分散在各部门，数据标准也不统一，数据壁垒问题较为严重。2018年机构改革后情况有所改善，在进行国土空间规划"一张图"建设时部分基础数据进行了整合，但对海洋部分的数据考虑较少，一般仅纳入了基础地理、遥感影像、沿海土地利用和生态保护等相关数据；同时由于技术水平有限、数据保密要求及历史遗留原因等，数据覆盖范围、精度、准确度和共享情况不尽如人意。因此，在保障数据安全的前提下，应重视对海洋数据的统一管理，对近岸及远海各区域、宏观至微观各层次、自然资源及人类活动各方面的数据进行收集、处理和妥善分发，完善数据汇聚和数据共享。

（2）支撑规划编制工作。国内的规划编制不仅局限于对现状的表达和管控政策的提议，更注重对未来空间布局的指引。因此，统一底图底数，摸清自然资源和开发利用本底，便于规划工作者清晰地认知规划区域的现状特征，并基于进一步的分析对规划区域的未来发展作出研判。同时，国内规划的传导与管控体系较美国更为严密，标准化的规划数据有利于上下层级衔接——下级规划向上汇总现状及规划要素，上级规划划定刚性管控要素并明确管控目标，通过在空间上明确范围布局，构筑"目标引导+指标管控+分区管制+名录管理"的管控框架。在规划公示评议期间，借助在线数据库有效实现公众参与，便于各政府部门、组织机构、专家学者和人民群众对规划成果有科学直观的认识，节约时间、经济和沟通成本。

（3）辅助海域审批管理工作。对用海申请人而言，能够辅助选取合适的项目地点，避免在申请阶段因资源活动冲突导致项目不可行，减少不必要的行政预审工作与沟通成本；并在生态价值优先导向下优化项目建设方案，在保障生态系统安全的前提下实现经济效益最大化。对管理者而言，能够提高工作效率，明确审批依据，有助于管理工作高效透明，提高开发活动审批的科学性和权威性。对于涉及多部门管理权责的具体项目用海协调，统一数据库能辅助协调不同部门的项目需求，建立沟通桥梁。

第五章

英国海洋空间规划[*]

第一节　英国海洋空间规划体系及背景概述

一、规划背景

　　英国是单一制、君主立宪制的民主国家，由英格兰、苏格兰、威尔士和北爱尔兰联合组成，各地区有着相对独立的区域行政系统和法律体系。作为典型的岛国，英国是欧洲较早开展海洋空间规划研究和实践的国家之一。2002 年，英国政府发布了海洋环境保护和可持续发展战略性文件——《保卫我们的海洋》（*Safeguarding Our Seas*），明确了英国对其管辖海域海洋生态环境状况的未来愿景，即实现"清洁、健康、安全、

---

　　* 注：本章部分内容已在以下论文中收录。

　　郭雨晨. 英国海洋空间规划关键问题研究及对我国的启示 ［J］. 行政管理改革，2020（4）：74-81；郭雨晨. 英格兰东部海洋空间规划及其对我国的启示 ［J］. 海洋开发与管理. 2020（2）：19-25.

富饶和生物多样性的海洋"。《保卫我们的海洋》重申了一些海洋管理的关键原则（如可持续发展、综合治理、风险预防原则等），并将生态系统方法这一概念引入英国海洋管理的要求中。《保卫我们的海洋》还阐述了一些新的海洋管理行动计划：如尝试海洋空间规划、重新审视海岸带区域的海洋管理框架、探索公海海洋保护区建设等。①

但英国原有的分散式海洋管理体制和法规政策已无法适应其新的海洋管理需求。因此，2004 年年底，英国环境、食物及农村事务部（Department for Environment Food Rural Affairs，DEFRA）发布了"五年战略规划"（*Five Year Strategy*），将新的综合性海洋法立法工作正式提上日程。② 2007 年 3 月，英国《海洋法草案白皮书》——（*A Sea Change*）正式进入公开征求意见和咨询阶段。该草案包含多个重要领域的提案：成立新的英格兰海洋管理机构——海洋管理组织（Marine Management Organisation）、建立海洋空间规划体系、制定英国总体海洋政策、建设更高效的海洋许可证体系、建立海洋自然保护新体制和加强近海渔业管理等。③两年后，英国《海洋与海岸带准入法（2009）》（*Marine and Coastal Access Act* 2009）正式颁布，《海洋法草案白皮书》中的主要提案基本都被纳入该法，英国的海洋空间规划制度据此开始建立。2011 年，英国的海洋政策文件——《海洋政策声明》（*UK Marine Policy Statement*）正式出台，标志着英国海洋空间规划制度顶层设计的形成。《海洋政策声明》是英国海洋空间规划的纲领性文件。英国各海域的海洋空间规划是对《海洋政策声明》内容的细化和落实。各海域已生效的海洋空间规划是相关海洋管理机构进行海洋管理和用海许可证发放的主要依据，还未出台海

---

① DEFRA, "Safeguarding Our Seas-A Strategy for the Conservation and Sustainable Development of our Marine Environment", 2002, p. 3-4.

② DEFRA, "Departmental Report 2006", 2006, p. 99.

③ DEFRA, "A Sea Change: A Marine Bill White Paper", 2007.

洋空间规划的海域的决策制定则以《海洋政策声明》的内容为依据。①

二、规划体系

依据《海洋与海岸带准入法》，英国管辖海域分为近海（inshore）区域和远海（offshore）区域。近海区域的范围是指从平均大潮高潮位向海延伸12海里至领海外部界限；② 远海区域则是由领海的外部界限向外延伸200海里至英国专属经济区或大陆架的外部界限。③ 依据《海洋与海岸带准入法》《苏格兰海洋法》［Marine（Scotland）Act 2010］以及《北爱尔兰海洋法》［Marine Act（Northern Ireland）2013］，英国设有4个海洋空间规划主管部门，分别是：内阁大臣（Secretary of State），负责英格兰近海和远海规划；苏格兰大臣（Scottish Ministers），负责苏格兰近海和远海规划；④ 威尔士大臣（Welsh Ministers），负责威尔士近海和远海规划；北爱尔兰农业、环境和农村事务部（Department of Agriculture, Environment and Rural Affairs），负责北爱尔兰近海和远海规划。⑤

受行政体系的影响，英国逐步形成了以"国家—区域"二级结构为主的海洋空间规划体系，即国家层面以《海洋政策声明》为指导，区域层面，英格兰、威尔士、北爱尔兰、苏格兰等地区在政策框架内自行开

---

① Marine Coastal Access Act 2009, s59.

② 同①，s42。

③ 同①。

④ 依据《海洋与海岸带准入法》第50条，苏格兰大臣是苏格兰远海海域的空间规划机构。根据《苏格兰海洋法》［Marine（Scotland）Act 2010］第5条，苏格兰大臣也负责苏格兰近海海域的空间规划。

⑤ 依据《海洋与海岸带准入法》第50条和2013年《北爱尔兰海洋法》 ［Marine Act（Northern Ireland）2013］第4条的规定，北爱尔兰环境部（Department of the Environment in Northern Ireland）负责北爱尔兰的近海和远海海洋空间规划。随着2016年英国政府机构重组调整，北爱尔兰的海洋空间规划现由北爱尔兰农业、环境和农村事务部（Department of Agriculture, Environment and Rural Affairs）负责。

展规划编制工作。

《海洋政策声明》是英国所有海洋空间规划和涉海决策主要的制定依据。为了促进实现英国政府在 2009 年提出的"清洁、健康、安全、富饶和生物多样性的海洋"愿景，《海洋政策声明》确立了英国预期实现的高层次海洋目标，包括：实现海洋经济可持续发展；建设繁荣、健康和公正的社会；在环境承载力之内开发利用海洋；提升海洋治理水平；合理利用高质量的科学数据。[1] 这 5 个高层次海洋目标又细分为 21 个更为具体的目标。

《海洋政策声明》明确了英国海洋空间规划的定位与目标，它指出：海洋空间规划的制定与发展应该符合英国国内法、欧盟法与国际法的要求；海洋空间规划应该为实现英国各项涉海政策的目标服务，以实现高层次海洋目标和可持续发展；海洋空间规划应该兼顾其他相关项目、规划和国家政策以及指导方针；海洋空间规划应该以生态系统方法为基础；海洋空间规划应促使海洋决策和管理简便、高效。[2] 另外，《海洋政策声明》还强调了海洋空间规划的几个关键问题。

第一，海洋空间规划应尽可能地建立在良好的数据和信息基础之上。海洋空间规划的编制应拥有广泛的信息来源，包括：已有的陆地规划和其他涉海规划、拟规划区域陆地居民所提供的信息数据、专家和专业机构的建议、用海企业和部门所提供的数据信息等。当出现数据不确定的问题时，决策者应依据可持续发展的政策要求，在考虑风险的前提下谨慎行事，尽可能地弥补数据和信息的空缺。[3]

第二，海洋空间规划是在适应性管理模式的基础上面向未来的规划

---

[1]　UK Marine Policy Statement, p. 11-12.

[2]　同[1], p. 12。

[3]　同[1], p. 12。

187

活动。通过海洋空间规划的监测和审查过程，更新、吸收新的数据信息并进行技术方法上的革新，运用适应性管理模式，保持海洋空间规划的灵活性以使其可以预测并适应未来的用海需求。海洋空间规划也需要保持一定的稳定性，为相关机构、决策者和用海者提供特定海域海洋利用和保护方向的指导。①

第三，在制定、实施和监测海洋空间规划时，海洋空间规划机构应保持与其他规划、管理机构之间的合作。并且海洋空间规划机构应与应对海上紧急情况的相关机构保持联络，以确保海洋空间规划不会对海上应急计划造成障碍，并将相关风险维持在可控范围内。②

第四，海洋空间规划应尽可能地反映、管理规划海域的用海活动。海洋空间规划应明确一些限制性区域以及开发利用容量较大的区域，以尽量减少潜在的用海冲突、提高海洋使用率、促进多种用海活动的兼容性。如出现冲突，海洋空间规划机构应该在考虑经济、社会和环境可持续发展的大框架下，依据《海洋政策声明》以及其他指南或考虑因素做出决策。决策过程也可借助海洋空间规划的可持续发展评估。

第五，海洋空间规划应为用海活动提供选址指导。海洋空间规划也应反映规划是如何管理用海活动对海洋环境造成的影响（包括累积影响）。③

《海洋政策声明》不仅设定了英国海洋利用与保护，以及海洋空间规划的战略性目标，还明确了 11 个主要海洋事务、行业、部门的发展方向，以及在发展中需要注意的问题，包括海洋保护区、国防和国家安全、能源生产④和基础设施发展、港口航运、海砂开采、海上疏浚和清淤、海

---

① UK Marine Policy Statement，p. 13.

② 同①。

③ 同①。

④ 主要包括石油、天然气、风能和潮汐能。

底路由、渔业捕捞、水产养殖、地表水管理和污水处理与处置，以及旅游与休闲。

　　例如，关于海上可再生能源（包括风能、波浪能与潮汐能），《海洋政策声明》首先明确了英国在全球海上可再生能源行业发展的领跑者地位，强调了发展海上可再生能源对减少气候变化的影响、发展经济和保障英国国家能源安全的重要性，并且指出根据目前多项科研成果，在采取适当措施的情况下，大规模发展可再生能源不会对生态环境造成重大影响。因此，要求海洋空间规划应为不同的可再生能源发展预留空间，但需根据法律规定采取防止、减轻措施或采取补偿措施降低其负面影响。接着，《海洋政策声明》针对可再生能源可能对环境和其他活动造成的影响/事项进行了明确，以提醒涉海决策制定者和规划编制者予以注意。这些影响/事项包括：可再生能源项目选址的重要性、不同可再生能源需进一步开展研究的领域以及不同可再生能源可能引起的生态环境问题，这些事项都需要在海洋空间规划编制中予以充分考虑。具体来说应考虑到：可再生能源项目（设施）的结构、技术类型、规模以及地理位置这些因素，会对可再生能源项目的潜在收益和所造成的负面影响形成很大差别；风电项目可能通过噪声对海洋鱼类和哺乳动物产生影响，对传统渔业捕捞造成阻碍，给迁徙鸟类带来碰撞风险，还会引起风机底部周围沉积物的变化；风电基座鱼礁化的技术目前还处于研发阶段，此技术的实现有利于促进生物多样性效应以及实现养殖和风电的兼容，此类项目应该在海洋空间规划中予以关注；潮汐能和波浪能项目还处于发展初期，如果选址不当则会对环境造成潜在的风险，并且这种风险水平以及对生态的影响在很大程度上还是未知的，潮差工程技术的研究表明，包括拦河坝在内一些结构可能会对洄游鱼类、鸟类，以及它们所在的河口水动力环境产生不利影响。因此，为了更好地支撑海洋空间规划的编制与实施，这些问题还需要进一步研究，以更好地了解海洋技术可能对潜在敏感环境特征产生的潜在影响。

在有关渔业捕捞的内容中,《海洋政策声明》肯定了可持续性渔业资源对捕捞业和沿海居民的社会、经济、文化福利以及就业的重要作用,并且指出捕捞业相对脆弱,易受其他海洋与海岸活动的影响。如果捕捞业受到影响,会引发相应的社会、经济和环境问题。但同时,捕捞业也可能对海洋环境产生负面影响,这些负面影响通常与渔具类型和捕捞活动的强度有关。捕捞活动和其他海洋开发活动之间的相互作用,以及捕捞活动和其他海洋活动对鱼类数量和环境的复杂影响都需要在决策、规划过程中予以考虑。并且决策者也需要注意捕捞业与其他海洋活动的兼容性。海洋空间规划机构应该就英国政府对捕捞业管理给予的优先性予以考量,同时需要考虑其他海洋活动发展对捕捞业产生的影响。例如,如果其他海洋活动在某海域取代了捕捞活动,那么海洋空间规划机构应该考虑这些渔民到可替代渔场进行作业的可能性、考虑替代活动对鱼类种群的影响,以及对可替代渔场所造成的影响。海洋空间规划机构还需对因替代活动致使捕捞活动减少所产生的多方面影响加以考量和权衡,这涵盖对沿海居民、对渔业活动的重新布局,以及对与渔业相关的其他活动的影响(如当地的渔船造船业、旅游业、渔具制造业等)。①

《海洋政策声明》的出台,意味着英国的海洋空间规划顶层设计与框架正式确立。各区域分别依据《海洋与海岸带准入法》《苏格兰海洋法》以及《北爱尔兰海洋法》等,在政策框架的指引下,相继开始了区域海洋空间规划的编制工作。

截至 2021 年 6 月,英格兰已经完成了 6 个区域海洋空间规划。其中,英格兰东部近海和远海海洋规划作为英国的首个海洋空间规划于 2014 年 4 月公布并生效;随后,英格兰南部近海和远海海洋规划于 2018 年 7 月

---

① UK Marine Policy Statement, p. 42-43.

公布生效；英格兰西南部海洋规划、西北部海洋空间规划、东南部海洋规划和东北部海洋空间规划则均在 2021 年 6 月公布并生效。与英国其他区域单一层级的海洋规划不同，苏格兰为两级规划，分为区域级和地区级。苏格兰区域海洋空间规划于 2015 年公布并实施，地区级海洋规划尚未编制完成。威尔士海洋空间规划于 2019 年 11 月正式出台。北爱尔兰区域海洋空间规划还未出台，其海洋规划草案于 2018 年 6 月结束了公众咨询后便一直处于审查阶段，截至 2024 年底仍未公布实施。

下面将分别以英格兰、苏格兰和威尔士的区域海洋空间规划为例，对英国的海洋空间规划进行说明。

三、编制过程

英国海洋空间规划编制过程大体上可以分为 4 个阶段：规划准备、规划编制、公众咨询与独立审查、规划通过和公布。可持续性评估（Sustainability Appraisal）和公众与利益相关者参与贯穿整个编制过程，如图 5-1 所示。

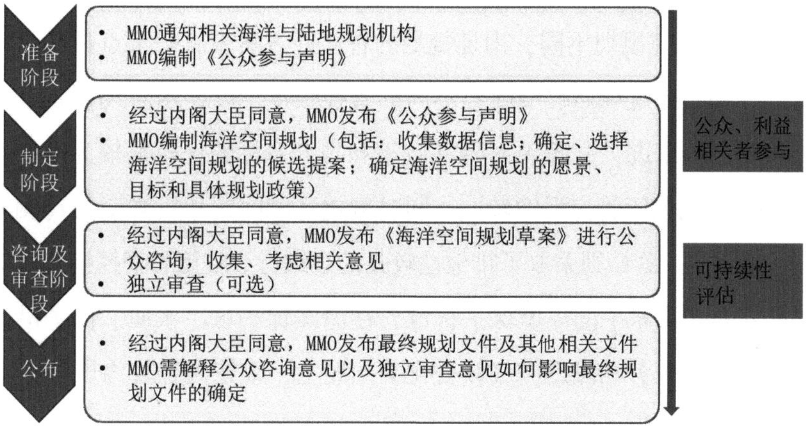

图 5-1　英格兰海洋空间规划编制流程

另外，英国海洋空间规划的编制前期一般会设置几套替代性方案（options）互相对比，比较和评估它们对海洋开发利用与保护等方面的影响，对比哪一个方案最符合拟规划海域的目标和海洋可持续发展的要求。[①] 最终方案的选择有可能是替代性方案中的某一个，也有可能是几种方案混合的结果。方案的选择需要通过可持续性评估，所有备选方案的优势和劣势都要予以说明，并且要解释最终方案的选择原因。

英格兰东部海洋空间规划编制初期，编制机构根据初定的愿景与目标，设计了4套备选的方案，展示了可以达成"未来愿景"的不同实现路径。[②]这4套方案围绕海上风电和海砂开采这两个数据基础较好的行业展开，侧重点各有不同：方案 A 侧重支持海上风电的排他性开发；方案 B 鼓励海上风电开发和其他用海活动兼容共存；方案 C 强调海砂资源的排他性开发；方案 D 给予了海砂资源非排他性，但是优先开发的权利。备选的方案经过可持续性评估以及编制机构内部讨论，最终确定方案 B 和方案 C 的结合作为东部海洋空间规划的制定方向。

英格兰南部海洋空间规划编制初期同样也设计了3套备选方案。但与东部海洋空间规划不同，南部规划的替代性方案没有把重点放在具体行业部门，而是通过规划政策内容不同的管控强度，以显示对规划政策之间的协调。总体来说，方案 A 对各项政策和规划目标的保障都较为平衡；方案 B 整体规划政策管控强度较弱，同时侧重环境问题和气候变化（侧重新能源发展）；方案 C 则采取了排他性较强的规划行业政策和管控措施，同时还要求进行最高水平的环境保护标准，在海洋保护区、水质、保护沿海生境的生态系统服务和对适应气候变化等问题上，政策内容较为严格（如果

---

① MMO, "Sustainability Appraisal of the East Inshore and East Offshore Marine Plans – Sustainability Appraisal Report（Volume 2：SA Report）", 2014, p. 31-35.

② 同①, p. 31。

对河口水质造成负面影响的则不应允许该项目申请）且侧重旅游娱乐、航运、海钓、海砂和港口等行业优先性。① 经过可持续性评估以及编制机构内部讨论，最终确定方案 A 和方案 B 的结合作为南部海洋空间规划的制定方向。② 其后，形成规划草案并进行公开咨询。

如图 5-1 所示，可持续性发展评估（Sustainable Appraisal）是一项伴随规划编制全过程的工作。英国陆、海空间规划都必须经过可持续性发展评估。③可持续性评估主要是评估拟制定的规划对社会、经济和环境产生的影响，以确保规划内容遵守可持续发展的要求。可持续性评估以现状（即没有新规划或政策干预的情形）为基准，预测、评估新的规划或政策的实行可能对社会、经济和环境的发展产生怎样的影响。可持续评估同时也包括战略环境影响评估和公平影响评估（Equalities Impact Assessment）内容。

正如前文所述，可持续性评估与海洋空间规划的编制是并行的过程，伴随着海洋空间规划制定的整个过程：海洋空间规划替代性方案的确定和选择都会经过可持续性评估；海洋空间规划的草案和最终规划也都会经过可持续性评估；当最终的海洋空间规划予以通过、公布时，可持续性评估报告也需要同时公布。

参与英格兰海洋空间规划编制的可持续评估法定机构主要包括环境监管机构、涉海企业和组织以及地方政府。另外，海洋事务主管部门——英国环境、食物及农村事务部（DEFRA）和代表陆地规划的主管部门——英国住房、社区与地方政府部也是可持续性评估的法定咨询机构。从评估的

---

① MMO, South Marine Plan Areas Options Report. p. 23-27.

② 同①, p. 35。

③ 陆地规划中只有地区规划（local plan）需要进行可持续性评估，社区规划（neighbourhood plan）不需要进行可持续性评估。只有在社区规划可能有重大环境影响的情形下，才会进行战略环境影响评估。

法定机构组成可以看出，英格兰海洋空间规划的可持续性评估的内容不仅涵盖了与海洋相关的社会、经济和环境发展 3 个方面，相关的陆地规划内容也会被考虑，以保障陆地规划与海洋规划的协调与统筹。

除了可持续性发展评估外，为保护重要栖息地及拉姆萨尔湿地，英国的相关规划和项目审批还需根据欧盟《栖息地指令》（92/43/EEC）和《鸟类指令》（2009/147/EC）的要求进行栖息地评估（A Habitats Regulations Assessment，HRA）这一法定程序。栖息地评估是指在规划审批或建设项目审批前，通过审查、适当性评估等手段对该规划或建设项目进行分析，以确定该规划或项目对各类受保护的栖息地所产生的影响，根据影响程度决定规划或项目是否可以进行，达到最终减少对栖息地生态环境造成影响的目的。所有与栖息地保护保育管理没有直接联系或非必要的规划和项目，都需要考虑该规划或项目是否可能对栖息地产生重大影响，如不能排除产生重大影响的可能性，主管部门必须根据可能受影响的栖息地的保护目标，就该规划或项目对该地点的影响作出评估，只有排除对栖息地完整性的不利影响后，才可以同意该规划或项目；如不能排除对栖息地完整性的不利影响，且无法减少影响，则只有在具有维护更重要的公众利益等迫切理由，且能确保采取必要的补偿措施的情况下，该规划或项目才可以继续进行。

第二节　英国区域海洋空间规划

一、英格兰区域海洋空间规划

（一）规划概述

根据《海洋与海岸带准入法》，英格兰海洋空间规划的大部分职能被内阁大臣下放给了英格兰海洋管理机构——（Marine Management Organi-sation，MMO）。因此，英格兰海洋空间规划的编制、实施和监测主要由MMO负责。

　　英格兰管辖海域共被划分为 11 个近海与远海区域，包括东北近海海域、东北远海海域、东部近海海域、东部远海海域、东南近海海域、南部近海海域、南部远海海域、西南近海海域、西南远海海域、西北近海海域和西北远海海域。

　　英格兰的海洋空间规划是近海海域和毗邻的远海海域同时进行的。11 个近海海域与远海海域由此被分为了 6 个海洋空间规划，分别是东部海洋空间规划、南部海洋空间规划、西南海洋空间规划、西北海洋空间规划、东南海洋空间规划以及东北海洋空间规划。规划的期限为 20 年，每 3 年审查一次。

　　英格兰东部海域是英国最繁华、涉及利益方最多且海洋情况最复杂的海域，但英格兰东部海域沿岸的经济状况却比较严峻，失业率较高，贫富差距较大。[1] 因此，英格兰东部海域被确定为英格兰首个进行海洋空间规划编制的区域，以期通过海洋空间规划促进经济发展、提高就业率、解决贫困来提高沿海居民的福祉。2014 年 4 月，英格兰东部近海与远海空间规划（East Inshore and Offshore Marine Plans，以下简称"东部海洋规划"）作为英国首个海洋区域规划公布并生效。其后，英格兰南部海洋规划于 2018 年 7 月公布并生效，英格兰西南部海洋规划、西北部海洋规

---

　　[1]　MMO, "East Inshore and East Offshore Marine Plan Areas Evidence and Issues Overview Report 2012", p. 94.

划、东南部海洋规划和东北部海洋规划均在 2021 年 6 月公布并生效。①

(二) 规划内容

1. 规划愿景与政策

英格兰区域海洋规划文本主要由规划背景、未来愿景和目标、规划政策及实施、监测和审查 4 个部分组成。

规划背景阐述了英格兰各海域海洋资源与空间的利用和保护现状、各区域海洋空间规划编制的程序与依据以及规划文件的框架结构和使用说明。愿景是对规划海域未来 20 年发展的总体目标和展望，目标则是对愿景更为具体化的表述，涵盖海洋经济、社会、生态环境、管理等方面。

规划政策是规划的重点内容，是对各涉海行业、部门和事务的具体指引。由于同一片海域的保护利用具有多功能性，因此各规划政策所适用的范围会发生重叠。例如，东部海洋规划一共列举了 38 项海洋规划政策，涉及海砂开采（AGG1、AGG2、AGG3）、水产养殖（AQ1）、生物多样性保护（BIO1、BIO2）、海底电缆铺设（CAB1）、气候变化应对（CC1、CC2）、碳捕获及储存（CCS1、CCS2）、海洋疏浚与废物处置（DD1）、国防（DEF1）、经济发展（EC1、EC2、EC3）、生态环境保护（ECO1、ECO2）、渔业捕捞（FISH1、FISH2）、海洋治理（GOV1、

---

① GOV. UK, South West Marine Plans, https：//www. gov. uk/government/collections/south－west-marine-plan；

GOV. UK, North West Marine Plan, https：//www. gov. uk/government/collections/north－west-marine-plan；

GOV. UK, South East Marine Plan, https：//www. gov. uk/government/collections/south－east-marine-plan；

GOV. UK, North East Marine Plan, https：//www. gov. uk/government/collections/north－east-marine-plan, last visit：2022/10/24.

GOV2、GOV3)、海洋保护区（MPA1)、海洋油气开采（OG1、OG2)、港口与运输（PS1、PS2、PS3)、社会与文化（SOC1、SOC2、SOC3)、潮汐与波浪能（TIDE1)、旅游休闲（TR1、TR2、TR3）以及远海风电（WIND1、WIND2）等多个行业。

　　与东部海洋空间规划相比，南部海洋空间规划的政策制定则更为细致，一共制定了53项海洋规划政策，涵盖27种海洋行业/事务。除与东部海洋规划涉及的相同行业/事务外，南部海洋规划还对与规划目标相关、但在东部海洋规划中未制定规划政策的涉海事务/行业进一步明确，制定了相应的规划政策，例如，协调（S-CO-1)、基础设施（S-INF-1)、历史文化遗产（S-HER-1)、海景（S-SCP-1)、就业（S-EMP-1、S-EMP-2)、准入（S-ACC-1、S-ACC-2)、水质（S-WQ-1、S-WQ-2)、海洋垃圾（S-ML-1、S-ML-2)、水下噪声（S-UWN-1、S-UWN-2)、非本土物种（S-NIS-1)、干扰（S-DIST-1）等政策。

　　除文字说明外，大部分规划政策都配有地图以更直观地展示该用海活动或事项被允许或可能进行的区域。数据信息基础较好，能够较为清楚地反映现状、发展方向与潜力的行业或部门（如东部海洋规划中的水产养殖、波浪能和海砂开采)，则采用政策地图①予以示意呈现；对数据信息基础较薄弱、难以表明某一规划政策在某海洋行业或部门的规划政策（如渔业捕捞)，则采用"指示地图"②对规划政策的实施范围加以说明；信息地图③则主要是列出在海洋规划范围中，与海洋相关的各种已有的法定规划和非法定规划的范围，以及各级地方行政部门所管辖区域的范围，以供相关决策机构参考。上述规划政策内容与其配套的各类地图

---

①　East Inshore and East Offshore Marine Plans, 2014, p. 148.

②　同①, p. 164。

③　同①, p. 100。

在海洋信息系统（Marine Information System）中均可查询，并不断更新。

规划政策是海洋空间规划得以实施、生效的具体措施，为用海许可证的发放以及其他海洋管理决策提供了最直接的政策依据。值得注意的是，单个规划目标的实现需要多个规划政策协同作用，这也就意味着需要多部门和多行业综合管理、共同协作。并且根据不同区域的本底情况、发展需求、各区域的行业规划政策发展或保护优先级有着较为明显的排序。根据政策内容设定以及配套地图的类型，东部海洋规划中大致可以总结出"油气开采 > 风电 > 其他行业"行业优先次序。类似地，南部海洋规划中同样对行业优先顺序进行了明确：最先保障国防；其次是油气开采、新能源、采砂、旅游 4 个行业；然后才是其他行业或事务。

实施、监测和审查也是英国海洋空间规划的重要环节。海洋空间规划的政策在"项目申请设计—用海许可申请—用海许可决策"的过程中得到执行。下面以英格兰南部规划为例，通过项目用海申请需要考虑的规划政策内容对英格兰规划政策的实施途径进行介绍。

2. 规划实施

一般而言，用海项目申请可分为项目设计咨询、预申请、正式申请和审查 4 个阶段。

项目设计咨询阶段，用海申请者将向 MMO 及相关管理部门进行咨询，并根据咨询结果对项目设计进行改进，以保障预审阶段顺利进展。在项目设计与咨询阶段，用海申请的选址、设计与目标将会与所涉及规划中的全部政策逐一进行核对。

第一步，拟申请项目需识别出所涉及的全部规划区域的一般性政策，并排除与项目在空间上没有重叠的规划政策。

第二步，排除与拟申请项目空间上有重叠但利用或保护不冲突的政策（如养殖用海申请可以排除海底电缆管道建设的相关政策）。

第三步，审查保护现有用途的政策，这些政策明确了现有用海与拟申请新项目可能存在潜在的冲突与建议解决办法。

第四步，审查保障未来发展领域的政策（如海砂开采或新能源），确定该区域是否存在。例如，已批未建项目的情形，或是重点行业的发展保障区域。

第五步，审查直接支持拟申请用海活动的政策。例如，在以支持当地社区经济发展为目的养殖用海申请中，直接支持该申请的政策包括水产养殖（S-AQ-2）以及一般海洋技能和就业（S-EMP-1、S-EMP-2）。

第六步，审查拟申请项目设计、建设、运维中所需要运用的推荐方法/最佳做法的相关政策。例如，养殖用海申请中，需要考虑非本物种政策（S-NIS-1），以考虑拟申请项目如何满足政策的目标和要求。

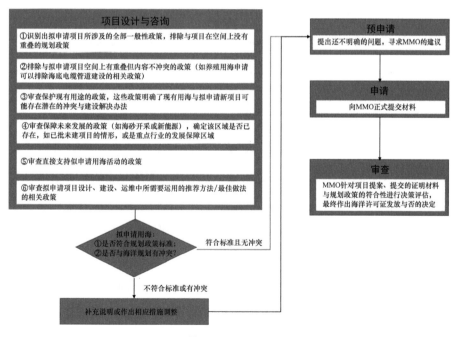

图5-2 英格兰用海项目申请流程

　　如果出现拟申请用海不符合政策标准，或出现与海洋规划相冲突的情况，申请者需要论证说明管理部门仍需支持该项目申请的理由。最后，申请者会针对与其项目申请相关的政策符合性做一个全面评估，规划中的每个政策要求，要么得到了满足，要么确定了存在的问题并在项目申请中增加了调整、缓解或其他解决措施予以解决。如果不能进行适当调整、缓解或无法解决的，并且没有其他充足的项目必要性论证理由，则认为该项目的用海申请应不予支持。

　　当完成项目提案制定后，用海申请者将进行预申请，提出有关政策还不明确的问题，寻求 MMO 的建议，并提交支持性证据证明其方案对规划政策、规划的愿景和目标的考虑。

　　完成预申请期间确定的附加工作和修改后，用海申请将通过相应渠道正式提交给 MMO，同时提交的还有所有相关的规划政策证据、栖息地评估或环境影响评估。然后，MMO 将针对项目提案、提交的证明材料与规划政策的符合性进行决策评估，最终作出海洋许可证发放与否的决定。

（三）规划实施审查与评估

　　规划实施审查与评估方面，根据《海洋与海岸带准入法》要求，英格兰的海洋空间规划将至少每 3 年做一次审查，MMO 需对审查结果进行报告。[①] 审查报告内容包括各规划政策的实施效果、规划政策对达成海洋空间规划目标的有效性、海洋空间规划目标实现的进度以及实现《海洋政策声明》中要求的该海域的发展目标的进度。[②] 根据审查报告，内阁大臣决定该海洋空间规划是否需要修改或重新制定。截至 2024 年底，英格兰东部海洋规划已分别于 2017 年和 2020 年完成两轮的 3 年审查并发布报

---

① MARINE COASTAL ACCESS ACT 2009, s61.

② 同①, s61 (3)。

告，根据 2020 年的审查结果，英格兰东部海洋规划将被重新制定。南部海洋规划的首个 3 年审查于 2021 年 7 月完成并发布了审查报告。

为满足规划审查的要求，英格兰海洋空间规划配套制定了实施和监测方法，并辅以海洋信息系统进行支撑，以实现对海洋规划的过程监测和评估。以英格兰东部海洋规划为例，其监测主要由 3 部分组成：一是情境监测，确认当前的外部环境与海洋空间规划通过时的外部环境是否发生变化，并评估这些变化是否会影响海洋空间规划的实施以及是否须根据变化对海洋空间规划进行修改，外部环境包括国际性、欧洲区域性法律政策新要求，以及英国国内法律、政策、规划、综合发展保护战略、制度新要求等；二是过程监测，主要监测海洋空间规划实施的有效性，包括涉海决策部门运用、参考海洋空间规划的情况，以及海洋空间规划与其他规划的协调和融合情况等；三是结果监测，重点监测和评估规划的预期目标或指标是否实现。在这 3 类监测内容中，结果监测最为核心，情境监测和过程监测是对结果监测的有益补充，可在一定程度上解释规划的预期效果得以实现或没有实现的原因。

结果监测方面，东部海洋规划构建了以目标为导向的规划监测框架，将宏观的和定性的海洋规划目标尽量分解为具体化、定量化、可测量的评价指标，并通过定期、系统的指标监测工作来确保规划目标的逐步实现，同时实现对海洋规划的全方位监测。东部海洋规划根据规划中列举的 11 个具体目标，明确了目标与规划政策的对应关系，建立了评估目标实现情况的成果指标和输出指标，并指明了成果指标数据来源，具体如表 5-1 所示。

不可否认的是，规划实施往往受到多方面因素共同驱动的影响，而且无法将规划本身的实施效果与其他因素作用下产生的效果进行清晰的剥离。因此，并非所有的政策实施都能得到定量化和可测量的评价指标，东部海洋规划实施审查报告中对政策实施的情况，以定性数据（连续的年度利益相关者调查）为主，同时也反映出一些政策执行情况无法收集相关数据的问题。就目前来看，英格兰海洋空间规划监测与评估体现了适应性管理的特征，其评估逻辑和内容在不断地调整。例如，东部海洋空间规划第一轮实施评估是直接以目标与对应指标为对象进行结果评估，第二轮实施评估意识到了规划政策的实施（即管控措施）是目标与结果指标之间的关键链接点，因此构建起了目标、规划政策以及结果指标之间的对应关系并对其进行评估。

表 5-1　东部海洋规划监测指标体系

序号	目标（objective）	对应规划政策（plan policies）	成果指标（outcome）	输出指标（output）
1	可持续的经济生产：促进经济生产活动的可持续发展，同时考虑到东部海域的其他重要活动在海洋空间上的需求	主要政策：EC1；辅助政策：GOV1，GOV2，GOV3，OG1，OG2，WIND1，WIND2，TIDE1，CCS1，CCS2，PS1，PS2，PS3，DD1，AGG1，AGG2，AGG3，CAB1，FISH1，FISH2，AQ1，TR1，TR3	所有海洋部门、整个规划区及毗邻陆域的总增加值（Gross Value Added，GVA）。	（1）东部规划区和与之毗邻的地方当局地区海洋部门的总增加值变化；（2）相关项目申请与审核对经济生产力因素考虑的提升（通过对管理部门调查）
2	可持续的就业和技能水平：支持在各种技能水平层级的创造就业机会的活动，并考虑东部海域用海活动在海洋空间上以及其他方面的需求	主要政策：EC2；辅助政策：SOC1，BIO1，MPA1，DEF1，OG1，OG2，WIND1，WIND2，TIDE1，CCS1，CCS2，PS1，PS2，PS3，DD1，AGG1，AGG2，AGG3，CAB1，FISH1，FISH2，AQ1，TR1，TR2，TR3	与东部海洋规划区毗邻的陆域地区的家庭总收入变化（Gross Domestic Household Income）	（1）与东部海洋规划区毗邻的陆域地区从事海洋行业就业人数的变化；（2）相关项目申请与审核中对就业因素考虑的增加（通过对管理部门调查）

续表

序号	目标 （objective）	对应规划政策 （plan policies）	成果指标 （outcome）	输出指标 （output）
3	可持续的可再生能源潜力：实现可再生能源的可持续发展，特别是远海风电。远海风电可能是东部海洋规划区域未来 20 年最重要的经济转型活动，以帮助实现英国的能源安全以及碳减排的目标	主要政策：EC3； 辅助政策：EC2, CC2, GOV1, GOV2, GOV3, WIND1, WIND2, PS3, CAB1	在东部海洋规划区安装可再生能源的（装机）容量数。	（1）相关行业的总增加值变化（港口、航运、可再生能源、电缆）； （2）相关行业（港口、航运、可再生能源、电缆）就业增加
4	通过改善当地居民的健康状况和提升社会福祉以减少贫困，支持充满活力和可持续的社区发展	主要政策：SOC1； 辅助政策：EC1, EC2, SOC2, SOC3, ECO1, ECO2, BIO1, MPA1, GOV1, GOV2, GOV3, FISH1, TR1, TR2, TR3	个人幸福指数达到中高水平的人数增加（根据国家统计局数据）。	（1）相关项目申请与审核中对提供海洋休闲娱乐因素考虑的增加（通过对管理部门调查）； （2）参与到海岸自然环境中人数的增加（通过旅游、户外活动等）
5	历史遗迹资产、保护区及海景：保护遗产资源、国家保护景观，确保将当地的海洋景观作为一项因素纳入决策考量中	主要政策：SOC2, SOC3； 辅助政策：TR1, TR3	（1）受威胁的海洋文化遗产（包括受威胁的历史沉船）的比例减少； （2）维持东部海岸的景观质量与价值	相关项目申请与审核中对海洋文化遗产和景观保护因素考虑的增加（通过对管理部门调查）

续表

序号	目标 （objective）	对应规划政策 （plan policies）	成果指标 （outcome）	输出指标 （output）
6	健康、有韧性的生态系统：在东部海洋规划区域实现一个健康、具有复原力以及适应性强的海洋生态系统	主要政策：ECO1，ECO2； 辅助政策：BIO1，BIO2，MPA1，CC1，CC2，DD1，FISH2	（1）提交至欧盟的《海洋战略框架指令》良好环境状况执行报告（使用监测数据，可分解成规划区规模）； （2）提交至欧盟的《水框架指令》良好的生态/化学状况/潜力报告（按规划区规模汇总）	（1）相关项目申请与审核提升了两方面的考虑：a. 累积影响评估；b. 碰撞风险（资料来源：东部海洋规划监测调查。注：还将对大型用海项目申请的累积影响评估进行质量检查）； （2）航线近距离碰撞导致有害物质释放的碰撞的比例的增加（资料来源：海上事故调查处）
7	生物多样性：保护、养护并在适当情况下修复东部海洋规划区域的生物多样性	主要政策：BIO1，BIO2； 辅助政策：ECO1，ECO2，MPA1，GOV1，GOV2，DD1，FISH2	（1）提交至欧盟的《海洋战略框架指令》良好环境状况执行报告（使用监测数据，可分解成规划区规模）； （2）提交至欧盟的《水框架指令》良好的生态/化学状况/潜力报告（按规划区规模汇总）	（1）相关项目申请与审核提升了对以下方面的考虑：a. 生物多样性；b. 有机会纳入能提高生物多样性和地质价值的特征（资料来源：东部海洋规划监测调查）。此外，还将对大型用海项目申请评估进行质量检查
8	海洋保护区：支持东部海洋规划区域及周边海洋保护区建设，既包括单独的海洋保护区也包括属于生态保护网络一部分的海洋保护区	主要政策：MPA1； 辅助政策：SOC3，ECO1，ECO2，GOV1，GOV2，DD1，FISH2	场址状况评估报告显示，越来越多的海洋保护区已达到或正在向有利状态发展	管理部门在战略评估中改进了对海洋保护区网络的考虑（资料来源：东部海洋规划监测调查）

续表

序号	目标 （objective）	对应规划政策 （plan policies）	成果指标 （outcome）	输出指标 （output）
9	气候变化：促进东部海洋规划区域缓解气候变化的相关活动	主要政策：CC1，CC2；辅助政策：GOV1，WIND1，WIND2，TIDE1，CCS1，CCS2，PS1	（1）管理部门在管理实践中增加了对用海活动适应气候变化影响能力的考虑（资料来源：东部规划监测调查）； （2）增加可再生能源的安装数量和装机容量（千兆瓦）。（资料来源：英国能源和气候变化部能源统计数据，DUKES）	相关项目申请与审核中改善了对气候变化适应和缓解措施的考虑（资料来源：东部规划监测调查）
10	善治：确保东部海洋空间规划与在其规划区域内或毗邻其规划区域的其他规划以及重要活动和事务的管理措施相协调、整合	主要政策：GOV1，GOV2，GOV3；辅助政策：BIO2，CCS2	（1）提高规划对于管理部门决策的支撑，减少申请前和申请阶段的决策过程时间（资料来源：海事管理组织快速账单系统及 KPI 1C1；东部海洋规划监测调查、监测焦点小组和客户洞察小组）； （2）增加东部规划区域毗邻陆域管理部门对将海洋规划纳入其决策过程满意度的比例	（1）依据东部海洋规划作出的（管理）决策的比例增加（资料来源：内部海洋管理组织系统和东部海洋规划监测调查）； （2）引用每种规划政策作为许可证申请的比例的增加（资料来源：MCMS）； （3）申请者和决策者认为东部规划已成功实施的比例增加（资料来源：东部海洋规划监测调查）； （4）参考东部海洋规划的陆地规划的比例增加（包括具体政策和目标，资料来源：内部海洋管理组织分析）

续表

序号	目标 （objective）	对应规划政策 （plan policies）	成果指标 （outcome）	输出指标 （output）
11	证据（基础数据）：继续加强海洋信息与数据基础的建设以支持东部海洋空间规划的实施、监管与审查	—	调查反馈对于东部海域数据基础改善的满意度增加（资料来源：东部海洋规划监测调查）	（1）海洋管理部门数据库有助于东部海洋规划的新数据源加入； （2）使东部规划领域受益的由海洋管理组织领导或参与的与其他方面合作开发的证据项目的增加（资料来源：海洋管理组织内部评估）； （3）有利于东部规划地区的、INSPIRE地质门户上可用数据集的数量的增加（资料来源：MMO数据集评估）； （4）证据的平均QA分数的增加（资料来源：MMO评估）

注：规划政策如下。海砂开采（AGG1、AGG2、AGG3）、水产养殖（AQ1）、生物多样性保护（BIO1、BIO2）、海底电缆铺设（CAB1）、气候变化应对（CC1、CC2）、碳捕获及储存（CCS1、CCS2）、海洋疏浚与废物处置（DD1）、国防（DEF1）、经济发展（EC1、EC2、EC3）、生态环境保护（ECO1、ECO2）、渔业（FISH1、FISH2）、海洋治理（GOV1、GOV2、GOV3）、海洋保护区（MPA1）、海洋油气开采（OG1、OG2）、港口与运输（PS1、PS2、PS3）、社会与文化（SOC1、SOC2、SOC3）、潮汐与波浪能（TIDE1）、旅游休闲（TR1、TR2、TR3）以及远海风电（WIND1、WIND2）。

（四）专属经济区规划与使用管理

英国各区域海洋规划的范围覆盖全部的英国专属经济区与大陆架区域。本节以英格兰风电行业为例，介绍专属经济区的风电项目建设、管理与区域海洋空间规划编制和实施的关系。

英格兰对专属经济区与大陆架区域的保护与利用已建立了较为完整的管理体系。表5-2显示了负责英格兰专属经济区与大陆架区域保护与利用开发的主要管理机构及其职能范围和法律依据。在众多机构中，开发利用方面最重要的管理机构当属英国皇家地产（Crown Estate）。

表 5-2　英格兰专属经济区区域主要管理机构、职能及依据一览表

管理机构	职能 （专属经济区）	法律法规
英国联合自然保护委员会（JNCC）	海洋环境保护（划定海洋保护区域、涉海项目环境审查机构）	*Offshore Marine Conservation（natural habitats）Regs 2010*
英格兰海洋管理组织（MMO）	英格兰海洋规划、海洋许可、渔业管理、监测和执法，以及海洋环境保护	*MCAA 2009；Fisherier Act 1968；Sea Fisheries Regulation Act 1966*
英国皇家地产（CE）	行使英国大陆架资源利用的主权权利	*Energy Act 2004；Energy Act 2016*
英国商业、能源和工业战略部（BEIS）	油气开发和可再生能源、国家重大项目审批	*Electricity Act 1989 or Energy Act 2008& 2010& Climate Change Act 2008—renewable Energy；Petroleum Act 1998（oil and gas licensing）Offshore Petroleum Activities（conservation of Habitats）Regs 2001；Offshore Petroleum & Pipelines（assessment of environment effects）Regs 1999*
英国环境、食品和农村事务部（DEFRA）	渔业管理、执行欧盟海洋政策	*The marine strategy regulations 2010*
英国交通部（DFT）	航行、导航、海上安全	*Coast protectiona act 1949（amended by Flood&Water Management Act 2010）*

英国皇家地产根据英国《议会法案》（*Act of Parliament*）创建，负责

管理英格兰、威尔士和北爱尔兰的海底空间[①]，旨在促进海底空间和资源的可持续利用，包括为可再生能源开发、矿产资源开采储存、电缆和管道铺设以及碳捕获和储存等活动提供海底开发和运营的权利。英国皇家地产为开发商提供海底租赁协议，将海底区域长期且排他的使用权利转让给开发商进行开发和运营。皇家地产的全部盈利将上缴英国财政部（HM Treasury）。

目前，英国（除苏格兰地区）的海上风电的海床使用权都由英国皇家地产根据英国《能源法（2004）》（*Energy Act* 2004）以定期分批进行海床租赁的形式出租。至今已有3批风电项目海床使用权通过招标形式租赁给开发商。[②] 目前正在进行第四批项目审查和租赁，拟租赁区域绝大部分都位于英国专属经济区下覆大陆架区域。[③] 与前三批相比，第四批的风电海床使用权租赁期限有所延长，由原来的50年租赁期延长至60年，其中包含10年的风电建设期与两个完整的风电运营周期。

作为第四批海底租赁准备工作的一部分，皇家地产自2018年开始就开展了广泛的空间分析与海底调查工作，并且与利益相关者密切合作，收集拟建造风电项目的位置、规模等信息，尽量保证提供最有利发展风电的海底区域。如此一来，潜在的开发商将有机会在这些招标区域内确定和提出其项目地点，并可以得到皇家地产前期收集、准备的大量海底特征数据与分析作为其项目申请的支撑与参考。第四批的海床租赁招标规划，将提供产量至少7吉瓦，最高可达8.5吉瓦的新风电项目海底权利。第四批海床租赁招标规划结束后，项目将在10年建设期后正式投入

---

① 苏格兰海底空间由苏格兰皇家地产管理。

② 2000年底开展的第一轮、2003年开展的第二轮以及2010年皇家地产在第一轮、第二轮又扩展授予的开发区域总数达到35个，最高可达10吉瓦容量。

③ https：//www.thecrownestate.co.uk/media/3721/the-crown-estate-offshore-wind-leasing-round-4-selected-projects.pdf.

运营，能帮助满足英国至少 60 年的能源需求。

皇家地产的海床招标将经过对潜在供应商资格预审、潜在供应商财务技术评估、正式投标、皇家地产组织的（规划层级）生境评估（habitats regulations assessment）等主要阶段，最终皇家地产与中标商签订风电场海床使用租赁协议。生境评估将会产生 3 种结果：①评估结果证明租赁计划不会对相关生境产生不利影响，则可以完整授予项目租赁协议；②可以完整授予项目租赁协议，但必须遵守被认为的必要的缓解措施，以确保不会对相关生境产生不利影响；③评估结果显示租赁计划将对相关生境产生不利影响，并且采取缓解措施也无法解决，则一些选定的项目会从第四轮租赁计划中删除，剩余的项目仍旧可以继续授予项目租赁协议。

英国皇家地产每批进行的海底租赁计划也会作为风电行业保障或引导发展区域纳入相关区域的海洋规划中。例如，英格兰东部海洋规划编制期间，正逢皇家地产第三轮风电招标，第三轮风电招标区域是英国海上风电发展潜力最大的区域。而英格兰东部海域规划范围与第三轮风电招标的绝大部分区域相重叠。因此，东部海洋规划设置了两个规划政策WIND1 与 WIND2 对风电发展进行保障与引导，并将风电项目及其配套海底电缆的分布情况以图示的方式加以说明①，以供决策者更直观地理解。

风电政策一（WIND1）：拟申请的用海项目，如果位于或可能影响到皇家地产为开发海上风电而授予租约或租约协议场地，则不应予以授权，除非：①拟申请项目能明确证实不会影响海上风电场的建设、运行、维护或退役（拆除）；②租约/租赁协议已经退还皇家地产，并且该区域不会进行重新招标；③租约/租赁协议已被国务大臣终止；④其他特殊情形。风电政策二（WIND2）：位于第三轮海上风电租赁招标范围内，拟申

① East Inshore and East Offshore Marine Plans, 2014, p. 120.

请的相关的风电项目与配套基础建设，都应得到支持。

因此，适用风电政策一的区域（包括已签订租赁协议的和已在建在用的风电项目及配套海底电缆区域，以及第一轮和第二轮招标区域及扩展区），基本完全排除其他用海活动在此区域开展，除非该用海活动能证明与其对风电项目不会产生影响。适用风电政策二的区域（未签订租赁协议的第三轮招标区域），鼓励进行风电项目的申请与开发。其中，风电政策一的第三种"租约/租赁协议已被国务大臣终止"的情形主要是指该区域可能全部或部分与新油气开采活动所申请的区域发生重叠。这主要是因为，根据东部海洋规划的油气政策OG2：新的石油与天然气活动申请，应优于所有其他用海活动的申请①。风电政策一的第四种情形则是指拟建设的风电项目未通过环境影响评估或栖息地评估等其他法定要求。

在风电项目申请阶段，当拟开发项目选址符合规划要求且开发商已从皇家地产获得海床使用权后，才能向风电项目管理部门提起项目申请。申请文件中包括项目环境影响评价报告。评价的内容包括拟申请风电场项目在建设和运营期间以及退役后对人类健康、气候变化、生物多样性保护（尤其是受法规保护的栖息地）的潜在及累积影响。环境影响评价报告被视为项目申请是否通过的核心材料。在英格兰和威尔士，装机容量超过100兆瓦的海上风电项目被定义为国家重大基础设施项目（NSIP），并由规划监察局（Planning Inspectorate）负责审查。基于规划监察局的建议，商业、能源和工业战略部（BEIS）大臣会决定授予或拒绝"发展许可令"（"DCO"）的发放。发展许可令是由各部大臣发放的项目许可法定文书，授权建设和发展符合英国《规划法（2008）》中规

---

① 前文规划政策部分提及英格兰东部海洋规划的行业优先级为"油气开采>风电>其他行业"Policy OG2："Proposals for new oil and gas activity should be supported over proposals for other development."

定的国家重大基础设施项目，包括发电站和大型海上风电。发展许可令实际上是综合授权的文件，例如，海上风电项目中，发展许可令包含海域使用许可、陆地使用许可（传送电缆着陆点）等内容。

二、苏格兰区域海洋空间规划

（一）规划概述

苏格兰海洋规划由苏格兰政府负责，分为区域级规划（national marine plan）和地区级规划（regional marine plan）两级，[1]其主要法律依据为《苏格兰海洋法》和《海洋与海岸带准入法》，分别管辖苏格兰的近海海域和远海海域。苏格兰的区域级海洋规划（Scottish National Marine Plan）出台于2015年，规划覆盖了苏格兰近海（海岸线至12海里）海域和远海（12~200海里）海域。在地区层面，根据2015年《苏格兰区域海洋法令》（Scottish Marine Regions Order 2015），苏格兰近海海域被分为了11个地区，作为地区海洋规划的基础。[2]地区级规划的权力由苏格兰政府下放至海洋规划合作小组（Marine Planning Partnerships），负责苏格兰地区级海洋规划的相关工作，该小组由规划地区的利益相关者组成。苏格兰的首批区域海洋规划的编制工作已在克莱德（Clyde）、奥克尼（Orkney）和雪特兰岛（Shetland Island）3个地区开展，但截至2024年底尚未有地区级海洋规划通过。[3]

---

[1]　Marine (Scotland) Act 2010, s5.

[2]　这些区域自北向南包括：设德兰群岛（Shetland Isles）、奥克尼群岛（Orkney Islandls）、北部海岸（North Coast）、外赫布里底群岛（Outer Hebrides）、西部高地（West Highlands）、马里湾（Moray Firth）、东北部（North East）、福斯湾和泰河（Forth and Tay）、阿盖尔（Argyll）、克莱德河（Clyde）、索尔韦湾（Solway）.

[3]　Scottish Government, Regional marine planning, https：//www2. gov. scot/Topics/marine/sea-management/regional, last visit：2022/10/20.

（二）规划内容

苏格兰区域海洋规划（Scottish National Marine Plan）以可持续发展为指导原则，采用生态系统方法，将海洋环境置于规划进程的核心，以促进生态系统健康、抵御人类引起的变化的能力以及支持可持续发展和利用的能力。该规划框架与英格兰海洋空间规划相似，主要由规划背景、未来愿景和目标、一般性政策和行业指南4部分组成。

规划背景是对苏格兰海洋空间规划的规划框架、海洋规划与海洋许可授权之间的关系、海洋规划与陆地规划和流域管理规划之间的关系，以及国际背景和气候变化背景下海洋规划该何去何从的简要说明。

未来愿景从两个方面表达了对苏格兰规划海域的长期展望和目标，即"清洁、健康、安全、极具生产力和生物多样性的海洋"和"设法满足自然和人的长期需求"。目标是愿景更具体的体现。苏格兰海洋规划依照欧盟《海洋框架指令》的要求，设定了11个良好环境状态的目标，并结合英国整体以及苏格兰地区发展要求从经济、社会、海洋生态系统、气候变化等方面考虑，一共设置了21个高级海洋目标。

一般性政策是规划文件的重要内容，适用于所有的涉海行业、部门和事务。苏格兰区域海洋规划的"良好环境状态"目标和21个高级海洋目标，制定了多条一般性规划政策，以对所有涉海行业、部门、机构和事务加以指引。

行业指南包含了行业目标和政策、背景、海洋规划中的关键问题和对行业未来的展望，具体涉及海洋渔业、水产养殖、野生鲑鱼和海河两栖鱼保护、石油和天然气、碳捕获与储存、近海风能和海洋可再生能源、康乐及旅游、船舶港口避风塘及渡轮、海底电缆、国防和海砂11个行业。其中，目标和政策是行业指南的重要内容。

行业目标是对高级海洋目标的进一步细化和补充，规划政策则是围绕规划目标对各行业活动提出的更具有针对性的指引，是整个行业指南的重要内容。总之，一般政策和行业指南共同为苏格兰海洋空间规划的实施和用海许可证的发放以及其他海洋管理决策，提供直接的政策依据。

然而，苏格兰区域海洋规划为规划政策匹配的示意图仅表示涉海活动、行业或海洋资源的点状分布或大致方位，与英格兰其他区域规划政策地图相比其指引性较为模糊，更详细的空间指引和管控要求内容将在还未出台的苏格兰各地区级规划中体现。

三、威尔士区域海洋空间规划

（一）规划概述

威尔士区域海洋空间规划是在《海洋与海岸带准入法》的框架下，以《英国国家政策声明》《英国海洋政策声明》《威尔士子孙后代福祉法》（WFGA）和《威尔士环境法》等为政策和法律依据，由威尔士政府负责制定的。威尔士区域海洋空间规划文件于 2019 年出台，旨在实现"洁净、健康、安全、极具生产力和生物多样性的海洋"的愿景、指导威尔士海洋未来可持续发展、支持海洋空间和自然资源的增长，同时期望扭转过去海洋管理的"被动"局面，变为"规划主导"。其规划期为 20 年，规划范围覆盖威尔士的近海（大陆岸线至 12 海里）海域和远海（12~200 海里）海域，总面积约 3.2 万平方千米。

（二）规划内容

与英国其他区域规划内容不同的是，威尔士区域海洋规划内容中除规划愿景、规划目标和规划政策外，还设置了自然资源区域（RAs）以及战略资源区域（SRAs）。

自然资源区域的划定相当于对部分行业的使用现状或未利用但具有

潜力的行业资源空间分布进行识别，主要涉及海砂、水产养殖、潮汐能和波浪能等行业①。战略资源区域则是为了识别某些部门未来可能需要利用的重要资源而划定的区域。规划中并没有划定任何战略资源区域，战略资源区域将在规划生效后由管理部门通过一套完整的划定程序，并最终以"海洋规划通知（Marine Planning Notice）"的形式划定并发布。享有优先划定战略资源区域的行业为海砂、潮汐能和波浪能，其次是（不限于）近海风能、水产养殖等。截至 2024 年底，威尔士还未公布任何战略资源区域。而战略资源区域内的行业都会被给予保障性政策支持（保障性政策见本节下文内容）。战略资源区域制度的创设，相当于让威尔士海洋空间规划在某种程度上成为一个"可持续扩充"的规划，随着战略资源区域的指定，规划的内容持续扩充，对具体的用海活动指引也会发生相应的变化。除了划定自然资源区域和战略资源区域外，威尔士规划同样用规划政策为具体用海活动提供指导。

威尔士规划中的政策分为通用型政策和行业政策。通用型政策是威尔士区域海洋空间规划围绕高级海洋目标和具体规划目标制定的，适用于所有涉海行业、部门或事务的指导性政策，覆盖经济、社会、环境、生态保护和治理各方面，可分为 5 大类，共 27 条。除两条一般性规划政策外，其余通用型政策均配以指示地图以便于直观表示其所涉及的区域，例如，"ENV_07：鱼类物种和栖息地政策"，会在地图中明确标出浮游类、底栖类和鲽形目鱼等各类渔业资源的产卵区和保育区的分布范围②。

威尔士区域海洋规划中通用型政策大致可以分为两类：一类是针对会对沿海地区产生正面影响的活动的引导，对于这类活动的提案，规划政策以鼓励为主，如 SOC_02（关于沿海社区福祉的政策）鼓励为沿海社

---

① Welsh National Marine Plan, 2019, p. 16.

② 同①, p. 16-17。

区的福祉做出贡献的申请；另一类是针对会对沿海地区产生负面影响的活动的指引，对于这类活动，规划政策将遵循"①避免负面影响；②无法避免的情况下尽可能减小负面影响；③无法最小化负面影响的情况下尽可能减小或减轻负面影响"的优先次序来审核相关活动申请，如"ENV_07（鱼类种类和栖息地）"即按照此优先次序对各类提案进行建议或审核。

通用型政策中有关海洋保护区域的政策（ENV_01和ENV_02）还特别指出了要"建立一个生态连贯、管理完善的海洋保护区网络""用海申请应该避免对单个海洋保护区和整个网络的一致性产生不利影响"，以维持海洋保护区在海洋规划区内的完整性，并确保海洋保护区网络的整体连贯性。相比于单独的保护区块，一个设计、管理良好，连接或代表各类物种和栖息地的保护区网络则更有利于保护生物多样性，有利于构建一个具有韧性的生态系统。

威尔士目前已经建立起海洋保护区网络，囊括了海洋保育区、栖息地或物种的特别保育区（SACs）、海豚避风港湾特别保育区、鸟类特别保育区、具有特殊科学价值的点及拉姆萨尔湿地等多种类型，从近岸向近海均有分布，覆盖了全域近69%的近海规划区域和75%的海岸线。在海洋保护区网络中，以海豚避风港湾特别保育区分布范围最广，其次是栖息地或物种的特别保育区，而具有特殊科学价值的点则在威尔士近岸零散分布。未来威尔士还会根据需要进一步指定或改进保护区，以完善海洋保护区网络。

当未来可能选划的战略资源区域与海洋保护区网络重叠时，重叠的这部分区域内应以保护海洋保护区的特征为先，不能进行可能影响甚至破坏海洋保护区功能和特征的人类活动；另外，战略资源区域的识别与划定不应妨碍海洋保护区的划定或建设连贯的海洋保护区生态网络，但可能被作为除其他社会经济因素之外的重要因素加以考量，促进海洋保护区改进。

行业政策也是威尔士区域海洋规划的重要内容之一，包含了保障性政策和支持性政策：保障性政策是指为保护某些行业或活动的利益不受其他活动的负面影响而制定的规划政策；支持性政策则是支持涉海行业可持续发展的规划政策。在规划实施时，会优先保障性政策，其次是支持性政策。

威尔士区域海洋规划中一共有 3 个保障性政策，分别为国防（DEF_01）、保护现有活动（SAF_01）、保护战略资源（SAF_02）。这意味着凡是涉及国防、已正式授权的（如采砂、海底电缆、能源基础设施等）、现状无需获取授权（如渔业、旅游娱乐等）的活动，以及未来战略资源区域（SRAs）内的活动，将会被优先考虑并予以保障。

威尔士区域海洋规划中共列举了 24 条支持性的行业政策，涉及海砂（AGG_01 a&b）、水产养殖（AQU_01 a&b）、国防（DEF）、疏浚和清淤（D&D_01）、低碳能源（ELC_01 a&b、ELC_02 a&b、ELC_03、ELC_04）、油气能源（O&G_01 a&b、O&G_02）、渔业（FIS_01 a&b）、港口与航运（P&S_01 a&b、P&S_02）、海底电缆（CAB_01）、地表水和废水处理与清除（SWW）、旅游与娱乐（T&R_01 a&b）。其中，国防是唯一一个被列为保障性政策的行业，而其他的涉海行业则兼有保障性政策和支持性政策，这也表明了国防事务的规划政策超越于其他行业之上，需予以优先考虑的重要性。

另外，规划在养殖政策中清晰地表达了对立体用海的指导。在规划编制早期，威尔士政府就委托相关机构开展研究，开发空间模型以评估威尔士海洋规划区域内的水产养殖能力①，并针对不同的养殖物种，根据其生态要求和养殖方式（如底层养殖、网箱养殖、海洋牧场、绳索吊养、

---

① A Spatial Assessment of the Potential for Aquaculture in Welsh Waters.

栈桥养殖等）对自然资源的要求，确定其适合养殖的区域。基于这些研究成果，威尔士区域海洋规划在水产养殖行业实现了立体用海，即将水产养殖区分为了"海床养殖"和"海水养殖"两类，这两类水产养殖区在某些范围会出现二维平面上的区域重叠，但因其养殖水深不同，所以从三维立体空间上来看，并不会造成用海冲突，从而实现了对海域空间的立体使用，很好地践行了对海洋空间资源的节约利用。

四、小结

通过上述几个区域规划不难发现，英国的海洋空间规划主要有以下几点特征。

一是法律依据较完善。英国的海洋空间规划体系有着较为完善的法律体系支撑，除《海洋与海岸带准入法》是各层级和各地区编制海洋空间规划的核心法律依据外，《海洋政策声明》也为英国的海洋国土空间规划确定了政策框架。此外，各地方政府也出台了一些相关的政策法规以支撑海洋空间规划的编制和实施，如《苏格兰海洋法》《北爱尔兰海洋法》等。相对完备的法律体系不仅为海洋空间规划的效力提供了法律保障，同时也明确了各区域负责海洋空间规划的机构，有利于职责划分。

二是主要以目标为导向。在英国的海洋空间规划框架中，始终坚持以目标为导向的原则。《海洋政策声明》中为英国确立了5个高级海洋目标并细化为多个具体目标。各区域的海洋空间规划也始终围绕这5个高级海洋目标，结合区域实际设置各区域的高级海洋目标，并辅以行业的具体目标以实现规划的海洋愿景。

三是具有综合性特征。综合性是海洋空间规划的一个重要特点，英国的海洋空间规划是实现"洁净、健康、安全、极具生产力和生物多样性的海洋"愿景的重要工具，其综合性特征具体体现在3个方面：①规划要综合考虑经济、社会、环境和人文等多种因素，以支撑可持续发展的原则；②重视政府部门、非政府机构和利益相关者等多方的合作，以实现对海洋空间的综合管理；③强调海洋空间规划要与其他规划衔接协调，例如，海洋规划与陆地规划、不同区域之间的海洋空间规划，均需充分协调以保障各规划的有效性；④注重公众参与。公众参与在英国的陆域、海域规划体系中都是十分重要的环节。从早期的简单磋商和询问，发展到在规划初期就介入、且手段多样的阶段，再到现在的规划全过程参与，一些重要项目的公众参与过程可能要持续几年，甚至几十年。①公众参与在规划环节中的重要性和重视程度越来越高。英国的陆海空间规划在规划初始都必须发布公众参与指南，海洋空间规划的公众参与指南文件是《公众参与声明》（*Statement of Public Participation*）。

虽然英国的海洋空间规划在《海洋政策声明》统一的规划框架下有很多明显的、共同的特征，但各区域因地区特色、行业发展特点、地方政府机构治理风格的不同，其区域海洋空间规划也有所区别。例如，苏格兰的区域海洋规划较为粗放，更多的是指引性的、示意性的政策，缺乏清晰的规划政策地图以供决策者或规划使用者参考。英格兰区域海洋规划、威尔士区域海洋规划则比较细致，不仅明确了规划范围内海洋资源的空间分布（如威尔士的部分自然资源区域分布），部分行业发展的优先级也被以规划政策地图的方式直观地展示出来（如英格兰南部海洋规划的国防、油气开采等行业用海空间分布）。

---

① 邓丽君，栾立欣，刘延松. 英国规划体系特征分析与经验启示[J]. 国土资源情报，2020（6）：35-38.

第三节 讨论与思考

一、底图式规划与规划实施

英国海洋空间规划方式与风格可以总结为"底图式"规划，大部分的用海活动现状、发展潜力区，以及不同的保护对象以规划地图的方式尽量进行完整地展示。通过不同保护、发展对象的规划政策地图叠加，可以清楚地反映某片海域较为完整的保护和发展需求，以及其中可能存在潜在矛盾与冲突的区域。用海申请阶段，拟用海活动将对申请区域所有发生重叠或影响的政策逐一排查并进行冲突协调，以保障用海申请考虑了所有相关行业、利益相关者的权益。这样的地图叠加方式也同时让英国的海洋空间规划具备了"多功能"的特征，展示了同一片海域可以进行的所有海洋保护与利用活动。主管部门会依据该区域的生态系统特征以及该区域适用的不同资源、行业的规划政策，结合申请的项目对海洋生态系统及其他用海活动的影响进行综合考量，针对性地对各用海活动的兼容性逐个进行判别。对于明显兼容的行业，如底播养殖和水体养殖，规划可以作为"立体规划"直接对用海活动申请予以支持。这种"多功能"的空间利用设置能够提高用海兼容性，增加规划的弹性。"多功能"空间规划也遵循适应性管理的要求，以避免频繁地修改规划，确保规划的灵活性和相对稳定性。只有极个别部门的规划政策，如英格兰东部海洋规划中的油气规划政策，会对其他部门、行业的规划政策有排他性要求。但如果某用海申请可以充分证明其与油气开采和其基础设施可以兼容，也可予以考虑。① 立体用海方式的设置，也是集约节约利用海

---

① East Inshore and Offshore Marine Plans, 2014, p. 113-117.

洋空间资源的体现，符合英国海洋空间规划中"可持续发展"的战略目标与原则。

空间规划体系改革前，我国海洋功能区划是针对同类资源或用海活动进行管理，①而非综合性地对某一区域所有用海活动规划和管理。在我国海洋功能区划的步骤中存在功能取舍的过程，即如果是多功能区，则进行功能的分析比较，以确定主导功能。② 我国海洋功能区划更偏向于平面规划和管理的特征，功能区不发生重叠。新一轮的国土空间规划涉海部分也基本沿用了这样的划区思路，用地用海具备多种功能时，应以其主要功能进行归类。③在详细规划层级，可在用地用海分类基础上确定用地用海的混合利用以及地上、地下空间的复合利用。但是，目前涉海规划的内容仍以总体规划的涉海内容和海岸带专项规划为主，涉海详细规划还处于探索阶段。海洋空间规划是分析和分配人类海洋活动时空分布的过程。因此，它并非仅仅对单一物种、单一资源、单一行业部门、单一活动进行管理，而是对特定海域的综合性管理，目的是提高用海效率和用海活动兼容性。同时，随着海洋开发利用水平的提高，近岸海洋空间资源逐渐减少，集约节约用海势在必行。④ 英国海洋空间规划的这种底图表达方式，为我们海洋空间规划表达方式提供新思路。

二、目标指标体系构建

《海洋政策声明》是英国海洋空间规划的顶层文件，是英国海洋发展

---

① 例如，"矿产与能源区"一级类海洋基本功能区下划分的二级类基本功能区包括：油气区、固体矿产区、盐田区、可再生能源区。

② 《海洋功能区划技术导则》GB/T 17108—2006，第7.5节：海洋功能区划步骤。

③ 《国土空间调查、规划、用途管制用地用海分类指南》。

④ 何方，黎思恒，唐晓，等. 关于立体集约生态用海的案例借鉴与制度探索［J］. 海洋开发与管理，2022，39（7）：113-118.

总战略，也是所有英国海洋空间规划编制的依据。《海洋政策声明》设定了英国海洋空间规划的战略总目标以及具体目标，并指出了海洋空间规划应注意的关键事项。英国各海域的空间规划就是对《海洋政策声明》目标和发展要求的细化与落实。各区域的海洋空间规划又根据区域特征分别设定具体目标以及辅助目标实现的规划政策，并且在实施监管评估过程中将各目标与指标体系相关联，最终通过规划实施期间指标、目标的达成效果，叠加考虑各种外在因素的影响，以综合评估规划实施的效果。

规划的实施监测和评估，是英国海洋空间规划体系中的重要环节之一。英格兰的海洋空间规划已经建立起了较完整的监测和评估框架，以过程监测、结果监测和情境监测相结合的方式，主要监测、评估规划的预期效果或目标是否实现，每一个目标都有相应的评价指标并指明了指标数据的来源。例如，在东部海洋空间规划中"促进经济生产活动的可持续发展"目标的指标是东部海域及其毗邻陆域所有海洋部门总增加值的变化情况，总增加值的数据来源于英国国家统计局。

在我国，早期的海洋功能区划缺少评估制度以及必要的配套技术支撑。新的国土空间规划体系提出了要依托国土空间基础信息平台，建立健全国土空间规划动态监测评估预警和实施监管机制，实现规划定期"体检"的新要求。然而，目前我国的海洋国土空间规划多是以"管控边界、约束性指标"等管控要求来实现对其的实施监测，这是远远不够的。坚守"三区三线"底线思维是国土空间规划监督实施的最基本要求，规划中还应设置目标监测，配备适当的指标因子，以实现对各级国土空间规划中设定的经济、社会、环境以及各行业的发展目标是否实现或正在实现的过程监测，并根据地区发展需要，定期开展监测指标的评估，适时更新规划监测指标体系，健全动态监测机制①。

三、替代性规划方案与综合评估

"替代性方案"是英国海洋空间规划流程中的一个重要环节，在初定规划海域的愿景和目标后，海洋空间规划的编制进入确定方案的阶段，以更为具体的方案来促进拟规划海域愿景和目标的达成。在此阶段中，一般会设置几套替代性方案进行对比，比较和评估它们对海洋开发利用与保护各方面的影响，对比哪一个方案最符合拟规划海域的目标和海洋可持续发展的要求。②

英国海洋空间规划除了要编制相关规划文件外，还需要进行可持续性评估。可持续性评估主要是评估拟制定的规划对社会、经济和环境产生的影响，以确保规划内容遵守可持续发展的要求。可持续性评估以现状（即没有新规划或政策干预的情形）为基准，预测、评估新规划或政策的实施将会对社会、经济和环境的发展产生怎样的影响。可持续性评估同时还包括战略环境影响评估和公平影响评估的内容。③可持续性评估伴随海洋空间规划的整个编制过程，意味着海洋空间规划备选方案的选择和确定都应经过可持续性评估；海洋空间规划的草案和最终规划也应经过可持续性评估；当海洋空间规划最终通过并公布时，可持续性评估报告也需要同时公布。

栖息地评估制度是英国审查涉及占用自然栖息地或影响自然栖息地

---

① 张晓浩，林静柔，黄华梅. 新时期市级海洋国土空间规划监测评估预警方法研究［J］. 规划师，2022，38（5）：62-67.

② MMO，"Sustainability Appraisal of the East Inshore and East Offshore Marine Plans - Sustainability Appraisal Report（Volume 2：SA Report）"（2014），p. 31-35.

③ 公平影响评估（简称"EqIA"）是用来评估拟制定的政策对社会不同群体造成的影响，特别是对残疾人群体、性别平等和种族平等，以确保在制定和实施新的政策或计划，或对当前政策和计划进行修改时考虑到不同群体人们的需求。

的规划及建设项目时采用的独特政策机制，在海上项目申请审查、涉海规划编制中均适用。栖息地评估作为一种前置政策要求和评估手段，将海洋栖息地作为重要考虑因素，将生态保护要求融入海洋空间规划，在审查和实施海洋空间规划、涉及海洋空间利用的行业规划的过程中发挥了重要作用。① 栖息地评估制度的实质是在前期已确定各类海洋保护地的空间范围和保护对象的基础上，以物种及生境保护为主线，充分考虑海洋流动性和生态连通性特征，整体考察及预测相关海洋规划实施可能造成的海洋生态不利影响并施以改进优化措施，是将海洋空间规划与海洋生态保护相融合的有益探索。②

　　我国新的国土空间规划体系是促进生态文明建设的规划体系，是将可持续发展上升到绿色发展高度的规划体系。《中共中央　国务院建立国土空间规划体系并监督实施的若干意见》指出，规划的编制要在资源环境承载能力和国土开发适宜性评价的基础上，科学有序地统筹布局"三区三线"，强化底线约束，为可持续发展预留空间，并且坚持山水林田湖草生命共同体理念。但如何在海洋空间规划编制的过程中衡量其对海洋生态系统甚至陆海生态系统整体的作用与影响，或对具体的海洋生态红线区域等重要生境的影响，英国施行的可持续性评估制度、栖息地评估制度，以及战略环境评估制度等都可以为我们带来有益的参考。

---

　　① 顾小艺，杨潇，白蕾，等.英国海洋空间规划栖息地评估制度及其对我国的启示［J］.自然资源情报，2022（6）：18-24.

　　② 同①。

第六章

欧洲跨界海洋空间规划[*]

第一节 欧洲跨界海洋空间规划实践与依据

一、跨界海洋空间规划概念与欧洲实践

广义的跨界海洋空间规划包括 3 个层面的内涵，即跨行政边界海洋空间规划、跨地理边界海洋空间规划和跨治理边界海洋空间规划[①]。狭义的跨界海洋空间规划，也是目前学术界和实务界讨论最多的，一般指跨行政边界的海洋空间规划。

---

* 注：本章主要内容已在以下论文中收录。

郭雨晨，练梓菁. 波罗的海治理实践对跨界海洋空间规划的启示［J］. 中国海洋大学学报（社会科学版），2022（3）：58-67；郭雨晨. 欧洲跨界海洋空间规划实践研究及对南海区域合作的启示［J］. 海南大学学报（人文社会科学版），2020（4）：20-27.

① 马学广，赵彩霞. 融合，嬗变与实现：跨界海洋空间规划方法论［J］. 中国海洋大学学报（社会科学版），2019，5：69-80.

　　跨界海洋空间规划的必要性在于：首先，海洋自然环境是"流动的"，时刻都在进行跨行政管辖边界的物质与能量交换；其次，许多海洋资源和海洋活动也是跨区域性的，并且"实体边界"往往在海洋环境中不存在，因此很难将一些海洋活动以及这些海洋活动所产生的影响控制在管辖范围之内；另外，海洋空间规划一般都覆盖较大的地理区域，需要考虑区域之间以及陆海之间的相互作用[①]。因此，虽然跨界海洋空间规划的研究与实践近10年才逐渐兴起，但是"跨界思维"其实早已植入海洋空间规划的理论根据中。

　　欧洲是目前在海洋空间规划事务方面开展最多跨界合作的区域。根据欧盟政策的定义，"跨界合作"可大致分为两种。第一种"跨界合作"（cross-border cooperation）是指具有一条共享边界的邻国之间的合作；边界可能是已确定的，也可能是还未划分、仍有争议的[②]。第二种"跨界合作"（transboundary cooperation）是指多个具有管辖权的实体（如国家、州、省、地方机构）参与的合作；这些实体可能并不共享同一边界，而在更广阔的地域范围内合作，例如，波罗的海区域和地中海区域等[③]。在海洋空间规划的情形中，上述两种跨界合作都是基于大生态系统管理（LEM）方法，其目的在于最大程度地降低行政边界划分对海洋生态系统的割裂性管理所造成的影响。

　　在目前亚洲众多沿海国开展海洋空间规划立法与制度建设的当下，一些欧洲国家（如比利时、德国、挪威、荷兰）已开启了第二轮海洋空间规划的进程。在发展跨界海洋空间规划方面，欧洲也走在了世界的前

---

① Jay S, Alves F L, O'Mahony C, et al. Transboundary Dimensions of Marine Spatial Planning: Fostering Inter-jurisdictional Relations and Governance [J]. Marine Policy, 2016, 65: 85-96.

② European Commission. European Territorial Cooperation Building Bridges between People, Directorate-General for Regional Policy [R]. 2011: 12-14.

③ 同②。

列。而在欧洲各海域中，波罗的海区域又扮演了"排头兵"的角色。目前已完成的欧洲跨界海洋空间规划项目，分布于北海、波罗的海、地中海以及黑海，波罗的海的项目数量最多。另外，一些跨界项目已经开始了第二轮的合作探索。例如，在黑海区域，罗马尼亚和保加利亚的MARSPLAN-BS Ⅱ项目已于2019年年初启动。该项目在2018年完成的MARSPLAN-BS项目成果基础上，进一步完成罗马尼亚和保加利亚跨界海域共同的空间规划战略以及规划编制。在波罗的海海域，Baltic Scope项目的二期项目——Pan Baltic Scope已于2019年年底完成。

根据规划的目的，这些项目大体可分为两类。一类是"过程导向型"规划。该类规划主要目的在于加强国家间海洋空间规划的协调；加强国家规划机构与海洋利益相关者的合作；确定、商讨跨界问题，提出解决措施；测试规划方法，总结经验教训。典型的规划如包括瑞典、德国、丹麦等波罗的海6国的"Baltic Scope"。另外一类是"结果导向型"规划。除了完成上述部分或全部"过程任务"的同时，还需制定规划文件，但这类规划不会真正实施，因此也被称为试验性规划（pilot plan）。典型的规划如芬兰与瑞典的"Plan Bothnia"。

从各跨界海洋空间规划项目的实践状况来看，项目的过程意义远远大于结果意义。并且这种过程意义并未随着规划项目的结束而终止：通过项目所建立的海洋数据信息共享平台，成立的专门工作组、合作机构，已建立的国家间规划机构的合作关系，以及各海洋部门通过跨界合作所深化的了解和达成的共识都将为今后真正的跨界海洋空间规划和其他海洋领域的合作奠定基础。这些跨界规划项目也同样显示了跨界海洋空间规划的方式没有固定范式，而是根据规划区域的具体情况"量身定制"。这也在一定程度上增加了规划的灵活性与适应性。

在世界范围内，跨界海洋空间规划也被积极倡导和推进。一个典型的例子就是欧盟委员会与联合国教育、科学及文化组织政府间海洋学委员会（IOC-UNESCO）于2019年2月12日启动的为期3年的全球海洋空间规划项目（MSPGlobal），目标是促进跨界海洋空间规划的发展。跨界海洋空间规划已逐渐成为各国海洋领域合作的新趋势。

二、欧洲跨界海洋空间规划合作法律政策基础

（一）全球性公约

在全球性公约层面，《联合国海洋法公约》和《生物多样性公约》是目前与海洋空间规划最为相关的两部国际公约。尽管《联合国海洋法公约》并未提及海洋空间规划这个概念，但该公约为沿海国对海洋的开发利用、管理以及保护提供了基本法律框架，并且也鼓励封闭海与半封闭海沿岸国就海洋生物资源管理、海洋环境保护以及科学研究等方面展开合作。虽然《联合国海洋法公约》中的一些规定（如专属经济区的航行自由、领海中的无害通过、海峡的过境通行等）可能会影响沿海国的海洋空间规划编制，但是总体来说，《联合国海洋法公约》规定的权利和义务不妨碍沿海国在其管辖范围内进行海洋空间规划的活动。①

《生物多样性公约》本身也并未对海洋空间规划有具体要求，但是海洋资源可持续性发展、生物多样性保护以及国家间在上述领域的跨界合作一直是《生物多样性公约》缔约方大会的重点关切。《生物多样性公约》缔约方大会对海洋空间规划的关注从海洋保护区问题发展而来。在2012年之前，作为一种新的综合性海洋管理方式，海洋空间规划自身的价值与重要性并未引起《生物多样性公约》体系的足够关注。缔约方大会决议中对海洋空间规划的提及大多与海洋保护区和海洋与海岸带综合

---

① Frank Maes. The International Legal Framework for Marine Spatial Planning［J］. Marine Policy, 2008（32）：799.

管理有关，将海洋空间规划视为推动和完善这两种海洋管理措施的工具之一。① 直至 2012 年，公约秘书处向公约科学、技术和工艺咨询附属机构（SBSTTA）提交了海洋空间规划在《生物多样性公约》框架下的报告。② 在随后召开的第十一次缔约方大会中，海洋空间规划事务作为决议 XI/18 的一个独立内容出现。自此以后，作为实施"生物多样性战略计划（2011—2020 年）"的工具和方法，海洋空间规划在《生物多样性公约》体系下得到了更多关注。

　　《生物多样性公约》对海洋空间规划最主要的贡献是为海洋空间规划的基础——生态系统方法的应用提供国际法依据。这里需要指出的是：《生物多样性公约》框架下对生态系统方法的阐释更加突出人本位的观点，认为自然资源管理的目标是一个社会选择问题。③ 但是，以人类中心论来阐释生态系统方法最大的问题就是社会选择的主观性如何能正确反映生态系统的客观性和不确定性。已有学者指出："生态系统的健康与复原能力，以及生态产品和服务的供给依赖于生态系统的良好状态。但是，健康的生态系统并非是能为人类健康和福祉提供最大限度生态产品和服务的生态系统。如果生态系统方法的管理重点由社会所决定，那么生态系统功能和复原力将面临很大的威胁。"④所以，《生物多样性公约》框架下的生态系统方法是否可以真正为海洋生态系统保护与修复提供有力的法律依据还有待商榷。尽管如此，《生物多样性公约》和《联合国海洋法

---

① 第八次缔约方大会决议Ⅷ/22。

② Secretariat of Convention on Biological Diversity. Marine Spatial Planning in the context of the Convention on Biological Diversity-A study carried out in response to CBD COP 10 decision X/29［R］, 2012.

③ COP. Decision V/6：Ecosystem Approach［R］.2000：104.

④ Chris Frid et al. Marine Planning and Management to Maintain Ecosystem Goods and Services ［M］// Sue Kidd, Andy Plater, Chris Frid. The Ecosystem Approach to Marine Planning and Management. New York：Routledge，2011：120.

公约》还是为海洋空间规划的建立以及实施提供了基本的法律框架。

另外，战略环境影响评估和利益相关者参与都是海洋空间规划编制的关键内容。欧洲海洋空间规划的跨界环境影响评价事务由 1991 年《跨界背景下的环境影响评价公约》（即《埃斯波公约》），以及《埃斯波公约》框架下的《战略环境影响评估协定》进行规范。公众与利益相关者参与的事务则由 1998 年《在环境问题上获得信息、公众参与决策和诉诸法律的公约》（即《奥尔胡斯公约》）进行规范。除此之外，国际海事组织的公约和相关制度也影响着海洋空间规划的制定与实施。

（二）欧盟法律政策

在欧洲各国国内海洋空间规划和跨界海洋空间规划的发展中，欧盟法律与政策起到了关键性的推动作用。2007 年，欧盟委员会发布的《综合海洋政策》（Integrated Maritime Policy）意图打破过去欧盟海洋事务部门化、碎片化的管理方式，在政策层面对欧盟海洋管理的各层级、各部门予以协调和统筹。作为统筹整合海洋事务、部门和政策的途径之一——海洋空间规划，也被列入了《综合海洋政策》待制定和实施的工作计划中。

2008 年，欧盟发布了海洋空间规划指导性文件——《海洋空间规划路线图》（*Roadmap for Maritime Spatial Planning*）以落实《综合海洋政策》中关于在欧盟建立海洋空间规划制度的要求。该文件为成员国海洋空间规划提供了 10 项原则，包括因地制宜原则、确保海洋空间规划的法律效力、透明原则、利益相关者参与原则等。①

---

① Commission of the EU. Roadmap for Maritime Spatial Planning: Achieving Common Principles in the EU［EB/OL］. COM（2008）791 final. https：//eur-lex. europa. eu/legal-content/EN/TXT/? uri = celex%3A52008DC0791.

与其说这部文件的目的是推进成员国在各自的管辖海域进行空间规划活动,不如说它更是为了促进成员国在海洋空间规划领域的合作,以实现整个欧盟海域空间规划的协调和管理。首先,该文件明确了海洋空间规划可以通过提高海洋空间的使用率、发展可再生能源等方式减轻气候变化对海洋造成的影响。气候变化问题并非一国所能解决,海洋空间规划对气候变化的作用在此提及,很显然,其目的在于督促成员国对此问题进行联合行动。其次,该文件还强调了海洋活动具有跨界影响,即一国的海洋决策会对其周边国家管辖海域产生影响。该文件指出,如果成员国在同一片海域适用一种共同的海洋管理措施,则可以更好地解决海洋活动跨界影响所带来的问题。最后,该文件指出,尽管海洋管理目前被行政区域所分割,但不可否认的是,海洋是一个完整而复杂的生态系统。因此,各成员国如果将其海洋空间规划相衔接或在规划问题上加强协作,促进海洋空间规划在欧盟层面的建立和发展,会更符合将海洋生态系统视为一个整体而进行管理的要求。有鉴于此,《海洋空间规划路线图》已明确了欧洲海洋空间规划未来发展的要求和趋势,即进行跨界海洋空间规划。

除了 2008 年发布的《海洋空间规划路线图》,于同年发布的与海洋空间规划密切相关的文件还有欧盟《海洋战略框架指令》(*Marine Strategy Framework Directive*)。该指令被视为欧盟《综合海洋政策》关于环境保护方面的政策支柱。欧盟《海洋战略框架指令》要求成员国实施生态系统方法管理人类活动,使欧洲海域在 2020 年前达到保持"良好环境状态"(Good Environmental Status)的目标,以最终实现保护海洋生态系统和促进海洋可持续利用。①《海洋战略框架指令》为成员国建立以生态系统方法为基础的海洋空间规划制度提供了法律框架。

2014 年，欧盟出台了更详细的《海洋空间规划指令》（*Marine Spatial Planning Directive*），要求成员国在 2021 年 3 月前制定本国的海洋空间规划。②《海洋空间规划指令》明确了海洋空间规划的 3 个总体目标：实现海洋领域的经济、环境和社会可持续发展；实施生态系统方法；提高用海活动的兼容性。该指令也提出了海洋空间规划制定的具体要求，例如，海洋空间规划的设立应该考虑到拟规划区域的特征、考虑到现有和未来用海活动对环境和自然资源的影响，并且应该考虑陆海间的相互作用。该指令还罗列了成员国制定海洋空间规划时需要重点关注的几个问题，包括陆海相互作用、生态系统方法、海洋空间规划与其他规划或管理方式的协调一致性、利益相关者参与、运用最佳可得数据、成员国之间的海洋空间规划合作以及成员国与非成员国之间的海洋空间规划合作等。

除上述与海洋空间规划直接相关的欧盟指令和政策，欧盟《鸟类指令》（*Birds Directive*）和《栖息地指令》（*Habitats Directive*）中关于海洋自然保护区网建设的规定，以及欧盟《共同渔业政策》（*Common Fisheries Policy*）、欧盟《水框架指令》（*Water Framework Directive*）等相关规定都是有力支持，是推动欧盟各国在海洋空间规划建设以及合作的法律与政策。

除上述的全球性公约与欧盟法律政策外，区域性海洋条约、政策和项目对欧洲各海区的跨界海洋空间规划实践也起到了重要的推进作用，

---

① Directive 2008/56/EC of the European Parliament and of the Council of 17 June 2008 establishing a framework for community action in the field of marine environmental policy [2008] OJ L169/19 (Marine Strategy Framework Directive, MSFD).

② Directive 2014/89/EU of the European Parliament and of the Council of 23 July 2014 establishing a framework for maritime spatial planning [2014] OJ L257/135 (Marine Spatial Planning Directive, MSPD).

本章第二节将以波罗的海为例进行更详细的阐述。

第二节 波罗的海跨界海洋空间规划

一、区域情况概述

波罗的海位于斯堪的纳维亚半岛与欧洲大陆之间，为典型的半封闭海，通过斯卡格拉克海峡、卡特加特海峡、大贝尔特海峡、小贝尔特海峡以及厄勒海峡等狭窄的海峡与大西洋相连，深水交换较少。波罗的海水面面积约 42 万平方千米，1/3 以上的水域深度不足 30 米。因此，与其表面积相比，波罗的海总体水量很少。[①] 波罗的海流域约居住 8 500 万人，沿岸国包括丹麦、德国、波兰、立陶宛、拉脱维亚、爱沙尼亚、俄罗斯、芬兰和瑞典等国家。除俄罗斯外，其余 8 国均为欧盟成员国。因此，波罗的海区域也是欧盟与俄罗斯之间重要的区域联系纽带。

波罗的海的浅海、半封闭特征，加之有约 200 条河流注入波罗的海，带入河流沿岸的城市、工农业污染物，使波罗的海的海洋环境问题一直比较突出和棘手；并且波罗的海海域为逆时针环流，且少有深水交换，这种水循环模式使一些沿岸国家（如俄罗斯和波兰）的污染物被转移到其他国家的管辖水域。[②] 因此，波罗的海的自然地理特征在很大程度上决定了沿岸国在海洋开发与保护方面合作的紧迫性与必要性。即便是在冷战时期，波罗的海区域也成功通过了世界上首个综合、全面的海洋环保协议——1974 年

---

① Helcom. State of the Baltic Sea－Second HELCOM holistic assessment 2011－2016 ［C/OL］. Baltic Sea Environment Proceedings. 2018, 155：1-155.

② Trumbull, Nathaniel. Fostering Private－public Partnerships in the Transition Economies：HELCOM as a System of Implementation Review ［J］. Environment & Planning C Government & Policy, 2009, 27（5）：858-875.

《保护波罗的海区域海洋环境公约》（又称"《赫尔辛基公约》"）。

二、跨界海洋空间规划发展现状

在海洋空间规划的跨界合作方面，波罗的海区域目前已完成了包括 BaltSeaPlan、Plan Bothnia、Baltic SCOPE、Pan Baltic Scope 等项目（表6-1），并开展了多项与跨界海洋空间规划相关的辅助性项目。例如，Baltic LINes（2016—2019）项目关注与"航运路线"和"能源走廊"相关的海洋空间规划数据基础设施的建设，以提高波罗的海区域海洋空间规划中航运路线和能源走廊的跨国一致性；BalticRIM（2017—2020）项目主要针对波罗的海水下文化遗产保护，通过文化遗产管理人员和空间规划人员的合作识别、指定海洋文化遗产区，将文化遗产管理整合到海洋空间规划中；Capacity4MSP（2019—2021）项目则基于波罗的海区域最新完成的海洋空间规划项目及成果，旨在促进利益相关者、政策制定者和决策者的对话交流，拓展海洋空间规划相关知识等。

表6-1　波罗的海区域主要跨界海洋空间规划项目目标与参与机构

项目名称及时间	项目目标	参与机构
BaltSeaPlan（2009—2012）	（1）改善海洋空间规划的信息库； （2）促进各国将海洋空间规划纳入国家海事战略； （3）制定波罗的海区域共同的空间规划战略——《波罗的海愿景2030》； （4）在5个试点区域实施海洋空间规划； （5）促进海洋空间规划的能力培养或研究	德国联邦海洋与水文局，梅克伦堡-前波美拉尼亚州交通、建设和区域发展部，世界自然基金会（德国）；波兰格丁尼亚海事处，什切青海事处，格但斯克海事研究所；丹麦奥尔胡斯大学国立环境研究所；爱沙尼亚塔尔图大学海洋研究所，波罗的海环境论坛（爱沙尼亚）；立陶宛克莱佩达大学海岸研究与规划所，波罗的海环境论坛（立陶宛）；波罗的海环境论坛（拉脱维亚）；瑞典皇家理工学院，瑞典环境保护局

项目名称及时间	项目目标	参与机构
Plan Bothnia （2010—2012）	（1）实施芬兰海洋水下环境清单计划，研究海洋栖息地情况； （2）制定波的尼亚海海洋空间规划草案	芬兰海事研究中心，芬兰环境研究所；瑞典国家住房、建筑及规划委员会，原瑞典渔业委员会；波罗的海远景战略委员会（VASAB）；赫尔辛基公约委员会（HEL-COM）；Nordregio
Baltic SCOPE （2015—2017）	（1）加强各国海洋空间规划主管部门与利益相关者合作； （2）针对跨界问题制定解决方案，提高各国实施国家海洋空间规划的连贯一致性； （3）就试验区域航运、能源、渔业和自然保护区4个议题开展跨界问题讨论	瑞典海洋与水资源管理局；德国联邦海洋与水文局；波兰什切青海事处；丹麦海事局；爱沙尼亚财政部；拉脱维亚环境保护与区域发展部；芬兰环境研究所；VASAB；HELCOM；Nordregio
Pan Baltic Scope （2018—2019）	（1）促进各国国家海洋空间规划流程的跨界合作与咨询； （2）加快生态系统方法和数据共享的落实； （3）研究海洋空间规划中的陆海相互作用，探索陆海统筹中的海陆一体化规划方式	瑞典海洋与水资源管理局；德国联邦海洋与水文局；波兰什切青海事处；丹麦海事局；拉脱维亚环境保护与区域发展部；爱沙尼亚财政部；芬兰环境研究所，芬兰奥兰自治省政府；VASAB；HELCOM；Nor-dregio

（一）Plan Bothnia（2010—2012）

波的尼亚海位于波罗的海北部，介于芬兰和瑞典之间。Plan Bothnia（2010—2012）是试验性规划，由芬兰和瑞典两国的规划机构、高校科研机构、赫尔辛基公约秘书处以及波罗的海地区空间规划和发展委员会秘书处等共同完成。项目重点是调研该区域的规划基础并制定规划，由各成员方和利益相关者通过五5次会议的商讨推动完成。

最终制定的规划文件展示了芬兰和瑞典两国在波的尼亚海海洋环境保护、海洋经济与社会发展目标方面所达成的共识，包含了航行、生态自然保护区、渔业、能源等多领域的规划内容。由于芬兰和瑞典两国的行政结构、海洋规划目标和规划方式很相似，并且在跨界规划方面有很强的合作意愿①。因此，*Plan Bothnia*（2010—2012）的经验对具有类似情形国家间的跨界海洋空间规划具有较高的参考价值。*Plan Bothnia*（2010—2012）还引起了一些非欧洲国家的关注。2013 年，*Plan Bothnia*（2010—2012）的报告全文由越南规划与投资部（Ministry of Planning and Investment）下属的越南国家规划机构发展战略研究所（DSI）的研究人员翻译成了越南文版本，以供其国内参考②。

关于 *Plan Bothnia*（2010—2012），一些学者对它的评价更值得关注。也许正是因为两国之间海洋空间规划目标、方式的较高相似性和较高的合作意愿等原因，使规划文件中并未指明两国跨界规划的根本原因。正如学者 Douvere 在点评 *Plan Bothnia* 时所指出的那样："保持积极主动（地进行跨界海洋空间规划）是一回事，但说明为什么要保持积极主动、共同行动则是另一回事。"③ 应用生态系统方法、实现跨海域综合协调管理是跨界海洋空间规划最为理想化的目标。但在现实实践中，跨界海洋空间规划往往需要参与国投入大量的时间、人力、物力、财力以及外交成本。因此，清晰、详尽地表明在当下以及未来跨界海洋空间规划的必

---

① Hermanni Backer, Manuel Frias. Planning theBothnian Sea - key findings of the Plan Bothnia project ［M］. 2013：16.

② http：//www. helcom. fi/Documents/Action% 20areas/Maritime% 20spatial% 20planning/Plannning%20the%20Bothnian%20Sea%20VIETNAMESE. pdf.

③ Fanny Douvere, Annex 4：External Review commentaries' in Hermanni Backer and Manuel Fria. Planning theBothnian Sea-key findings of the Plan Bothnia project ［M］. 2013：135.

要性，指出跨界海洋空间规划对参与国所带来的直接益处（如为实现规模效应以降低海洋风电开发成本或保护某种重要的海洋生态系统）是跨界海洋空间规划成功的关键所在。

（二）Baltic Scope（2015—2017）

Baltic Scope（2015—2017）是由德国、丹麦、波兰、爱沙尼亚、拉脱维亚和瑞典6国共同完成的跨界规划项目，主要目的是加强波罗的海国家海洋空间规划间的协调，加强海洋跨部门合作，确认跨界问题，提出解决措施。Baltic Scope 由两个子项目构成：波罗的海中部项目（Central Baltic Case Study）和波罗的海西南项目（Southwest Baltic Case Study）。中部项目的参与国包括爱沙尼亚、拉脱维亚与瑞典。西南项目的参与国是丹麦、德国、瑞典和波兰。

基于规划区域的具体情况，两个子项目运用不同的规划方式：中部项目采取以海洋行业为基础的规划模式，关注整个规划区域的不同海洋行业在现阶段和未来的相互影响、联系、冲突和跨界协调问题；西南项目则采用以关键海域为主的规划模式，主要聚焦各国海洋利益重叠的重点跨界区域，通过双边会谈或多边会谈的方式进行利益协调与规划安排。

两个子项目中，比较值得关注的是西南项目。西南项目的规划步骤是：首先，收集各参与国在跨界海域已进行的规划项目、已掌握的用海数据和海洋科学数据，确定各国在该区域的用海需求和利益所在；其次，在数据信息收集、互换的基础上，制作各国的利益矩阵，显示各方在跨界海域的利益重叠情况；再次，将利益重叠区域归类为"冲突""共存"或"竞争"；最后，根据分类情况，组织相关国家举行双边会谈或多边会谈，以商讨潜在的解决方案①。这种聚焦于具体海域的跨界规划模式，有利于各国通过加深了解、互通各国的重点关切和具体利益所在，将跨界规划要面对的种种问题聚焦化、具体化。仅由利益相关国参与的双边会晤或多边会晤，也为讨论敏感问题（如争议海域的规划问题）提供了对话平台。

西南项目一共确定了 8 个 "跨界重点海域"。在这 8 个区域中，有一个 "灰色区域（Grey Zone）"。随着 2018 年 11 月波兰与丹麦海洋边界协议的签署，这个 "灰色区域" 已不存在，但在波罗的海项目进行时，还属于两国在专属经济区的争议海域。海域划界争端的解决已超出了海洋空间规划机构的职权范围。但也正是因为未解决的划界问题，使声索国海洋空间规划机构的权限在此海域发生重叠。这样的情形既为声索国国内海洋空间规划的工作带来阻碍，同时也不利于争议海域海洋生态环境保护与资源空间利用的管理。因此，声索国就争议海域的规划问题进行商讨与协调仍旧是必要的。

关于 "灰色区域" 规划问题的对话由波兰规划机构向丹麦方提议希望在争议海域寻求临时措施（temporary solutions）而开启。两国的规划人员于 2016 年 1 月进行了双边会议，探讨在争议海域 "共同规划" 的可能性，以作为解决划界问题之前的临时措施②。两国的外交部也对这次会议给予了支持。通过讨论，双方同意在该区域适用相似的空间规划方式，因此，两国在该区域更具体和详细的国内规划制定也具有相似性。在会谈中，两国还互换了本国海洋空间规划制定各阶段的工作安排和时间表，

---

① Alberto Giacometti et al. Coherent Cross-border Maritime Spatial Planning for the Southwest Baltic Sea［M］. 2017.

② 同①，p. 58。

还就下一步会谈内容和双方需要完成的数据准备工作等规划内容进行了安排①。波兰与丹麦以其实际行动,向我们展示了在争议海域进行跨界海洋空间规划合作的可能性。

(三) BaltSeaPlan (2009—2012)

BaltSeaPlan 是波罗的海区域较早开展的海洋空间规划合作项目,该项目最突出的成果之一是制定了波罗的海海洋空间合作的战略文件——"BaltSeaPlan Vision 2030"(以下简称"Vision 2030")。这部文件对波罗的海跨界海洋空间规划和海洋空间规划国际合作的重要性在于它建立并强调了"泛波罗的海思维"(pan-Baltic thinking),并在泛波罗的海思维的引导下确定了海洋空间规划的原则与包括环保、能源、航运和渔业 4 项重点合作领域,被视为推进与支持波罗的海跨界海洋空间规划发展的"几大支柱"之一。

纵览陈述海洋空间规划原则的国际文件,海洋空间规划的原则主要内容见表 6-2。在此基础之上,"Vision 2030"进一步提出了 3 项原则,包括泛波罗的海思维、空间利用有效性(spatial efficiency)和空间规划的连接性(connectivity across Baltic sea space)。泛波罗的海思维强调波罗的海沿海国无论是在地方、区域还是国家级海洋空间规划时,都需要将波罗的海视为一个大的生态系统和一整块规划区域进行考量。空间利用有效性是指海洋开发利用并非是陆域利用的替代品或是用来解决陆域利用受阻较大的问题(如远海风电的建设不应是由于沿海居民对陆地或海岸带风电场的排斥与反对),并且海洋开发利用应该重点支持在某一区域的固定用海活动(immovable sea uses)并鼓励对海洋空间的多重利用(co-

---

① Alberto Giacometti et al. Coherent Cross-border Maritime Spatial Planning for the Southwest Baltic Sea [M]. 2017, p. 58.

use）。空间规划的连接性强调对一些"线性"或"块状"用海活动的考量，如海底电缆、管道的铺设、航线以及为海洋生物提供"蓝色走廊"等。

表6-2　海洋空间规划原则①

《联合国海洋空间规划指南》	《欧盟海洋空间规划路线图》	《赫尔辛基公约委员会海洋空间规划指南》
生态系统完整性原则	因地制宜原则	生态系统方法
透明原则	确保海洋空间规划的法律效力	因地制宜原则
综合性原则	透明原则	可持续发展
公共信托原则	利益相关者参与原则	参与性与透明度
风险预防原则	坚实的数据基础	高质量信息、数据基础
污染者付费原则	加强海、陆规划衔接	加强海、陆规划衔接
	跨界、跨国合作与协商	跨界（国）合作与协商
	目标导向型原则	风险预防原则
	监测和评估	长期视角与目标
		持续性规划

　　BaltSeaPlan 的众多子项目试点中也包括了两个比较典型的跨界海洋空间规划项目试点——Pomeranian Bight 和 Middle Bank。根据规划区域所处的不同位置和现有用海和规划情况采取了不同的规划策略和目标。

　　Pomeranian Bight 由德国、波兰、丹麦和瑞典 4 国参与。德国在波美

---

　　① Ehler, Charles, Fanny Douvere. Marine Spatial Planning：A Step-by-step Approach toward Eco-system-based Management ［R］. 2009；Commission of the European Communities. Roadmap for Maritime Spatial Planning：Achieving Common Principles in the EU ［R］. 2008；HELOCM, VASAB. Guideline for the Implementation of Ecosystem-based Approach in Maritime Spatial Planning（MSP）in the Baltic Sea area ［R］. 2016.

拉尼亚湾管辖区域已制定了具有法律强制力的海洋空间规划。包括梅克伦堡-前波美拉尼亚州（Mecklenburg-Vorpommern）制定的领海海洋空间规划，以及德国联邦海洋与水文局（BSH）制定的专属经济区海洋空间规划。

该跨界规划项目关注的重点是如何使德国在该区域已有的规划项目与其他国家未来海洋空间规划相一致。试点项目探讨了是否存在任何跨国和可比较的数据，不同的规划方法是否与实际相吻合，如果在"无国界"的基础上，项目区域内的海洋用途分配是否有所不同，以及如何将渔业和鱼类保护等内容纳入海洋空间规划[①]。

Middle Bank 是在瑞典与波兰专属经济区毗邻处一个远海跨界规划的试点。它的重点与波美拉尼亚湾跨界规划项目有很大不同。该项目的目标是展示如何在一个已掌握信息较少并且利益相关者较少的跨界海域制定海洋空间规划。它的目的是探寻一个更具战略性的未来规划，以避免用海冲突的发生，而非解决现有用海活动的冲突。

从上述欧洲跨界海洋空间规划的案例可以看出以下几点。首先，跨界海洋空间规划与海洋划界问题并不冲突，可作为争议海域各方在达成划界协议前的"临时措施"。其次，跨界海洋空间规划没有标准范式，是立足于区域实际或合作方需求的"量体裁衣"的过程。因此，其形式和程度都较为灵活，可以因地制宜、按需设计。在合作形式上，可以从具体的行业部门合作入手，也可以从特定海域入手；在合作程度上，合作基础较好的海域可实现覆盖全方位、多领域的综合性规划；在合作基础欠佳或争议海域也可仅达成宏观的"规划共识"。最后，跨界海洋空间规划的过程是对拟规划海域生态资源状况以及开发利用情况的调查，也是

---

① Angela Schultz-Zehden, Kira Gee. Findings: experiences and lessons from baltseaplan [M]. 2013.

对已有的治理机制和合作平台进行整合与评估的过程，既能确认国家间需迫切合作的领域以及合作的阻碍因素（如海洋数据信息标准的差异或法律依据的欠缺），也有利于促进合作国的政府部门、学术研究机构以及涉海行业等多层面的互动交流。当然，跨界海洋空间规划也面临很多现实问题，除了法律依据不完善、数据信息标准不同等阻碍外，还存在因治理体系差异而导致规划的目标、程序方面的矛盾与冲突①，但这些问题可通过推动政策趋同、建立跨界协调机构等方式来解决②。

三、跨界海洋空间规划政府间合作机制

欧盟法律政策为欧洲跨界海洋空间规划提供了宏观目标与框架，波罗的海地区空间规划和发展方面的政府间多边合作机制——波罗的海远景战略委员会（以下简称"VASAB"）和《保护波罗的海区域海洋环境公约》的执行机构——赫尔辛基公约委员会（以下简称"HELCOM"）则为波罗的海沿岸国在跨界海洋空间规划中提供了更具体且契合区域特征的合作平台，以及海洋管理的相关标准与技术性支持。

目前，促进波罗的海区域海洋空间规划是 VASAB 的工作重点之一。VASAB 早在 2001 年第五届部长级会议就已达成将空间规划向海洋推进的共识。第五届部长级会议发布的《维斯马宣言》（*Wismar Declaration*）是波罗的海区域首个表明实施海洋空间规划的政治意愿文件。③ 维斯马部长会议还通过了 "VASAB2010+空间发展行动计划"，该计划将海岸带区域和岛屿开发确定为空间规划的跨国合作主题之一，并将空间规划的范围

---

① 马学广，赵彩霞. 融合、嬗变与实现：跨界海洋空间规划方法论 ［J］. 中国海洋大学学报（社会科学版），2019（5）：69-80.

② 同①。

③ VASAB. Wismar Declaration on Transnational Spatial Planning and Development Policies for the Baltic Sea Region to 2010 ［R］. 2001.

拓展至领海。之后，VASAB 陆续发布了与海洋空间规划相关的行动计划、宣言及战略文件。

2010 年 10 月，VASAB 与 HELCOM 建立了海洋空间规划联合工作组（HELCOM-VASAB MSP WG，以下简称"工作组"）。该工作组由政府机构和欧盟高级官员组成，为波罗的海跨区域海洋空间规划提供长期、稳定的合作机制，确保沿海国在波罗的海建立协调一致的区域海洋空间规划进程。该工作组是波罗的海沿海国在《海洋空间规划指令》（MSPD）协商谈判过程中进行区域性意见交换的平台，并被指定为欧盟波罗的海战略（EUSBSR）中海洋空间规划事务的"负责人"。VASAB 与 HELCOM 还建立了数据专家组（BSR MSP Data ESG），作为工作组的子组织。

2010 年，HELCOM 和 VASAB 通过了《波罗的海海洋空间规划原则》，将海洋空间规划的基本原则与欧盟指令、《保护波罗的海区域海洋环境公约》，以及公约体系下的现有数据平台（如地理信息数据库——HELCOM GIS datasets）建立联系，目的在于为波罗的海区域"量身打造"海洋空间规划的发展战略。

2013 年，HELCOM 和 VASAB 部长级会议通过了《波罗的海海洋空间规划路线图（2013—2020）》。这是推动波罗的海沿海国国内和跨界海洋空间规划发展的纲领性文件，以保证 2020 年在波罗的海区域完成制定和实施海洋空间规划的目标。这部文件罗列了波罗的海海洋空间规划需达到的目标，以及实现目标的关键步骤；并且还拟定了相关指南的制订计划以配合这些步骤的实现。这些步骤不仅包括适用生态系统方法、加强数据信息交换共享、保障公众参与这些海洋空间规划制定与实施的基本要求，还包括促进政府间海洋空间规划合作、加强对海洋空间规划专业人员的培养、总结区域海洋空间规划实践经验、建立国内与区域海洋空间规划框架，以及对海洋空间规划进行评估的要求。

根据《波罗的海海洋空间规划路线图（2013—2020）》的要求，HELCOM 和 VASAB 于 2016 年通过了《波罗的海区域实施生态系统方法的海洋空间规划指南》和《跨界咨询、公众参与与合作指南》两部文件，为生态系统方法在海洋空间规划的适用以及其成员国开展跨界海洋空间规划的相关问题提供了具体说明。最新的指南是 2019 年年初通过的《跨界海洋空间规划输出数据结构指南》。该指南规定了跨界海洋空间规划的输出数据规范，以促进跨界海洋空间规划数据的兼容性和互用性。

除了各指南外，支持波罗的海国内以及跨界海洋空间规划的两大数据平台——HELCOM MAPS 和 BASEMAPS 也已建立，旨在为波罗的海各国的国内和跨界海洋空间规划提供可视化地理空间数据。MAPS 提供与 HELCOM 工作相关的地理空间数据。数据类型包括状况评估、监测、人类活动压力、生物多样性、航运、陆地和海洋基本情况等。[①] BASEMAPS 则提供了一个交互式地图用户界面，用户可以直接访问波罗的海空间规划原始数据，并了解波罗的海各国海洋空间规划的情况。[②]

除了与 HELCOM 合作，VASAB 还指导、参与多项跨界海洋空间规划项目，并为项目成员和利益相关者搭建交流、学习的对话平台，也提供海洋空间规划事务的专业培训。例如，2009 年 10 月，VASAB 专家组和利益相关者在维尔纽斯举行了讨论波罗的海海洋空间规划挑战的研讨会，以强化 VASAB 在海洋空间规划事务中所起到的先锋作用以及"知识信息库"的功能；2013 年，VASAB 与波罗的海地区多所大学合作开展的海洋空间规划教育课程，为参与波罗的海海洋空间规划的专业人士、非政府机构、咨询公司等提供培训课程。

---

① Helcom Map And Data Service［DB/OL］．［2022 - 02 - 12］．http：//maps. helcom. fi/website/mapservice/.

② BASEMAPS［DB/OL］．［2022-02-12］．https：//basemaps. helcom. fi/.

四、跨界海洋空间规划的现实基础

根据欧盟 2014 年《海洋空间规划指令》（MSPD）的规定，成员国须在 2021 年 3 月前制定本国的海洋空间规划。因此，波罗的海沿岸国海洋空间规划的国内立法和制度建立活动在该指令出台后得以加速推进。海洋空间规划制度在绝大部分波罗的海沿岸国（除俄罗斯外）的建立与实践是跨界海洋空间规划在波罗的海开展的现实基础。

在波罗的海沿海九国中，丹麦于 2016 年通过了《海洋空间规划法》（*Act on maritime spatial planning*），建立起丹麦海洋空间规划制度的框架。丹麦的国家级海洋空间规划项目于 2017 年 1 月启动，并于 2021 年 9 月完成了公众咨询与战略环境影响评价，进入最后的修改审核阶段。规划将覆盖丹麦在北海与波罗的海的内水、领海与专属经济区。①

爱沙尼亚海洋空间规划的主要国内法依据是 2015 年通过的新《爱沙尼亚规划法》（*Estonian Planning Act*）。规划分为国家级和区域级，两个区域级海洋空间规划——Hiiu Island 和 Pärnu Bay 已分别于 2016 年和 2017 年通过。国家级海洋空间规划已完成公众咨询并将报请政府批准。②

拉脱维亚海洋空间规划的主要法律依据是 2011 年颁布的《空间发展规划法》（*Spatial Development Planning Law*）。2019 年 5 月，拉脱维亚政府通过了《海洋规划 2030》（*Maritime Plan* 2030）。规划覆盖拉脱维亚内水、领海与专属经济区。③

---

① Maritime spatial plan［EB/OL］.［2022-02-12］. https：//dma. dk/growth-and-framework-conditions/maritime-spatial-plan.

② Estonian maritime spatial plan［EB/OL］.［2022-02-12］. https：//mereala. hendrikson. ee/en. html.

③ Maritime Spatial Planning in the Latvia［EB/OL］.［2022-02-12］. https：//www. varam. gov. lv/en/maritime-spatial-planning.

立陶宛议会在 2015 年通过了《立陶宛共和国领土全面规划》（*Comprehensive Plan of the Territory of the Republic of Lithuania*），其中包含海洋空间规划的部分。该规划文件于 2020 年到期，新规划文件编制正在筹备之中。①

波兰从 2007 年开始试验性规划的尝试，旨在为新的立法活动提供海洋空间规划的方法和经验。《波兰共和国海域与海事管理法》（*Act on sea areas of the Republic of Poland and the maritime administration*）是波兰海洋空间规划的主要法律依据。2021 年 5 月，《波兰内水、领海与专属经济区发展规划（1∶200 000）》正式实施。②

芬兰的海洋空间规划是由地区议会（Regional Councils）制定与批准，是不具有法律约束力的规划。规划范围覆盖领海与专属经济区。芬兰将其管辖海域分为了 4 个区域，由 8 个地区议会和奥兰岛自治政府负责规划，其中 3 个区域的海洋空间规划已于 2020 年年底完成。③

德国是欧洲最早开展海洋空间规划的国家之一，目前已经完成了包括波罗的海专属经济区海洋空间规划、北海专属经济区海洋空间规划、石荷州波罗的海和北海领海海洋空间规划、梅前州波罗的海领海海洋空间规划、下萨克森州北海领海空间规划 5 个区域级规划。④ 第二轮北海和

---

① Maritime Spatial Planning in the Lithuania ［EB/OL］. ［2022 - 02 - 12］. https：//www. mspglobal2030. org/msp-roadmap/msp-around-the-world/europe/lithuania/

② Maritime Spatial Plan 2021 ［EB/OL］. ［2022 - 02 - 12］. https：//www. bsh. de/EN/TOPICS/Offshore/Maritime_ spatial _ planning/Maritime _ Spatial _ Plan _ 2021/maritime - spatial - plan - 2021_ node. html.

③ Maritime Spatial Planning in the Finland ［EB/OL］. ［2022 - 02 - 12］. https：//www. marinefinland. fi/en-US/Humans_ and _ the _ Baltic _ Sea/Maritime_ spatial_ planning#：~：text = A% 20maritime% 20spatial% 20plan% 20is% 20prepared% 20for% 20each，offshore% 20wind% 20power% 20generation2C% 20fish% 20farming% 2C% 20and% 20tourism.

④ 滕欣，赵奇威. 德国海洋空间规划发展现状与特点 ［N］. 中国海洋报, 2018 (4).

波罗的海专属经济区规划已于 2021 年年底正式发布并实施。①

《瑞典环境法规》（*Swedish Environmental Code*）与《规划与建筑法》（*Plan and Building Act*）是瑞典的海洋空间规划的主要法律依据。瑞典位于斯卡格拉克海峡与卡特加特海峡、波的尼亚湾，以及其他波罗的海管辖范围内的 3 部海洋空间规划编制已于 2022 年完成，规划将范围覆盖领海绝大部分区域与专属经济区。②

俄罗斯并非欧盟成员，鉴于海洋空间规划的重要性日渐显著，虽未启动正式的海洋空间规划项目，俄罗斯已在涅瓦湾和芬兰湾等区域进行了多项试验性规划的尝试③，并就海洋空间规划的立法、程序等相关事宜与其他波罗的海国家积极开展交流。例如，2014 年俄罗斯和波兰在维斯图拉潟湖的合作项目"VILA"，旨在探寻两国在该跨界区域社会经济发展和环境保护方面的合作，项目也涉及空间规划的内容。2014 年，俄罗斯与德国合作启动的为期 3 年的"俄罗斯联邦对波罗的海沿海地区空间利用中的'环境友好理念'"咨询援助项目，目的在于为涅瓦河河口和芬兰湾的空间管理树立"环境友好"的概念，在满足社会经济发展需求和"环保优先"的要求中实现平衡。

虽然大部分波罗的海沿岸国已建立起的国内海洋空间规划制度为其跨界合作奠定了一定的基础，但沿岸国层次参差不齐的海洋空间规划发展状况在其跨界合作中带来了一定的阻碍，国内海洋空间规划发展进程

---

① Maritime Spatial Planning in the Germany ［EB/OL］. ［2022 - 02 - 12］. https：//www. bsh. de/EN/TOPICS/Offshore/Maritime_ spatial_ planning/Maritime_ Spatial_ Plan_ 2021/maritime-spatial-plan-2021node. html.

② Maritime Spatial Planning in the Sweden ［EB/OL］. ［2022 - 02 - 12］. https：//www. havochvatten. se/en/eu-and-international/marine-spatial-planning. html.

③ Maritime Spatial Planning in the Russian ［EB/OL］. ［2022 - 02 - 12］. http：//msp. ioc-unesco. org/world-applications/europe/russian-federation/

更先进的国家更愿意处理具体的规划问题和实际矛盾，并且利益相关者对规划事务也更熟悉、更具有高参与度。[①] 但也正是由于跨界海洋空间规划的开展，为海洋空间规划发展较好的国家和正在起步的国家提供了交流平台，也为后者提供了难得的交流学习机会。

在项目资金来源方面，目前已在波罗的海开展的跨界海洋空间规划项目和相关的辅助项目主要由欧洲区域发展基金（ERDF）、欧洲海洋与渔业基金（EMFF），以及欧盟委员会海洋与渔业事务总司（EU DG-Mare）进行资助（表6-3）。有些项目的参与国也会进行部分资金支持。这些资助是欧洲跨界海洋空间规划能够从理论层面向实际执行层面转换的最有力支撑。

表6-3　波罗的海跨界海洋空间规划项目资助情况

项目名称及时间	项目金额	主要资助部门、基金
BaltSeaPlan（2009—2012）	370 万欧元	欧盟区域发展基金（Interreg 项目）
Baltic SCOPE（2015—2017）	260 万欧元	欧洲海洋与渔业基金
Pan Baltic SCOPE（2018—2019）	330 万欧元	欧洲海洋与渔业基金
Plan Bothnia（2010—2012）	50 万欧元	欧盟委员会海洋与渔业事务总司
Baltic LINes（2016—2019）	240 万欧元	欧盟区域发展基金（Interreg 项目）
BalticRIM（2017—2020）	299 万欧元	欧盟区域发展基金（Interreg 项目）
Capacity4MSP	109 万欧元	欧盟区域发展基金（Interreg 项目）（俄罗斯也为该项目提供了部分资金）

---

① Kull M, Moodie J, Giacometti A, et al. Lessons Learned: Obstacles and Enablers When Tackling the Challenges of Cross-Border Maritime Spatial Planning-Experiences from Baltic SCOPE［EB/OL］. European MSP Platform, 2017.

五、波罗的海区域的网络化治理特征

除上述讨论的法律政策基础、政治合作机制等因素外，波罗的海区域的网络化治理特征也是波罗的海区域跨界海洋空间规划发展的重要助力。

网络化治理简而言之就是政府部门与非政府部门（包括私营部门、第三部门）共同参与治理的多级治理模式。[①] 网络化治理被认为是对信息化时代日趋分权和多样化社会的回应。传统的政府治理模式框架下，政策的制定、执行和实施通过自上而下的命令来实现。随着权力的分散、社会的日益多元化及组织界限的模糊，单纯依靠政府治理社会的难度大大增加，面临的社会问题也日益复杂。在此背景下，网络化治理这种治理模式有利于减少公共政策实施的阻力，强化其助力，促进更有效的资源整合和利用。[②]

20 世纪 90 年代，网络化治理在波罗的海区域开始兴起，原因主要包括以下 3 方面[③]：①冷战结束后，诸多新的国际或跨政府组织［如波罗的海国家理事会（CBSS）］成立，已存在的政府间组织（如 HELCOM）进一步发展；②1992 年，里约热内卢会议签署《21 世纪议程》，引入并提倡综合性和参与性治理的理念，给予了非政府实体参与社会治理的机会与地位；③欧盟 1995 年和 2004 年的两次东扩，拓宽了波罗的海国家的合作领域。

波罗的海地区网络化治理大致可分为 3 种类型：国际制度或政府间

---

① 陈振明，等. 公共管理学（第二版）［M］. 中国人民大学出版社，2017：290.

② 陈剩勇，于兰兰. 网络化治理：一种新的公共治理模式. 政治学研究［J］. 2012（02）：108-119.

③ K. Kern, T. Loffelsend. Sustainable Development in the Baltic Sea Region. Governance Beyond the Nation State［J］. Local Environment, 2004（9）.

合作、国际政策网络（International policy networks）和跨国网络（Transnational networks）。①

第一种类型即传统的政府间合作形式，在这种模式下，各国的政府部门为决策制定者和执行者，其他参与者如非政府组织或地方政府没有决策权。尽管近些年，非政府组织在这种合作形式下获得了观察员身份，但仅可发表观点，不能参与决策。具有代表性的合作平台和组织有 HEL-COM、VASAB、波罗的海议会会议（BSPC）等。

第二种类型为国际政策网络，是政府部门（包括中央以及地方政府机构）与非政府部门共同治理的模式，所有成员参与决策的制定与执行。因此，除了国家法律规定外，地方实体和非政府组织的倡议也会对决策制定产生影响。代表性合作平台与战略如波罗的海发展论坛（BDF）、《波罗的海 21 世纪议程》（*Baltic* 21）等。

第三种类型为跨国网络模式，是指除中央政府外的多层次主体参与（如地方政府机构、非政府组织、科研机构、商业协会等）的"自治"伙伴关系。代表性组织如波罗的海城市联盟（UBC）、潜艇员网络（Submariner Network）、波罗的海次区域合作（BSSSC）等。这类伙伴关系在波罗的海跨界海洋空间规划发展的过程中，不仅为其成员搭建了稳定的平台以供其交流合作、经验分享、建立关系网，而且为成员提供了更多参与大型项目和与外界加强互联的机会。例如，潜艇员网络（Submariner Network）是一个集合了包括公共机构、科研组织、咨询机构、非政府组织和商业成员的非盈利性质团体；主要活动为开发和组织研究项目，领导跨国和跨境项目合作，目的在于积极促进波罗的海海洋资源可持续利

---

① Grönholm S. A Tangled Web: Baltic Sea Region Governance through Networks [J]. Marine Policy, 2018（98）.

用的创新性方式发展。① 作为"蓝色增长"的引擎之一，海洋空间规划也是该组织的重点关切之一。该组织参与了 BaltSeaPlan、PartiSEApate、Baltic Blue Growth、Capacity4MSP 等多项波罗的海海洋空间规划及辅助项目，并具体关注海洋空间规划中陆海相互作用的研究。

也正是因为波罗的海区域网络化治理模式的深入发展，使非政府部门（如非政府组织、科研机构、商业协会）以利益相关者的身份，广泛参与到海洋空间规划事务的科研与决策中，就其关注和擅长的领域发挥所长，对波罗的海海洋空间规划理论研究和实践层面的进步都起到了重要的助推作用。

例如，Nordregio 是由北欧部长理事会（NCM）成立的关注北欧和欧洲区域发展规划的国际研究机构及智库。波罗的海区域是其关注的 4 个地理区域之一。该机构参与了包括 Baltic SCOPE 和 Pan Baltic Scope 在内的多个跨界海洋空间规划项目，是 Pan Baltic Scope 项目中"陆海相互作用"相关活动的评估机构和主导者，发布了关于如何将陆海相互作用纳入海洋空间规划的研究报告。② 再例如，波罗的海环境论坛（BEF）是由设立在俄罗斯、爱沙尼亚、拉脱维亚、立陶宛和德国的环境非政府组织合作机制。在 BaltSeaPlan（2009—2012）项目中，爱沙尼亚分部负责提供海洋保护区规划或管理方案，组织利益相关者参与涉及爱沙尼亚的试点案例；立陶宛分部负责组织利益相关者，通过听证会的方式进行磋商，并参与立陶宛国家海洋战略的提案以及海洋数据库的建设；拉脱维亚分部负责项目中拉脱维亚西海岸的海洋空间规划试点项目，并与拉脱维亚

---

① The SUBMARINER Network［EB/OL］.［2022-02-12］. https：//www. submariner-network. eu/.

② Morf A, Cedergren E, Gee K, et al. Lessons, stories and ideas on how to integrate Land-Sea Interactions into MSP［EB/OL］. Stockholm：Nordregio, 2019.

环境部密切合作，提出新的立法提案和海洋战略草案;① 德国分部参加了由波罗的海 Interreg 基金资助的陆-海行动项目（Land-Sea-Act），该项目关注波罗的海沿海地区的可持续发展和海洋空间规划。②

第三节　讨论与思考

海洋空间规划是目前以及未来海洋管理的新趋势，跨界海洋空间规划也逐渐成为海洋国家合作的新领域。欧洲是目前跨界海洋空间规划开展较为活跃的区域。通过上文的梳理，我们可以看出，全球性条约为欧洲海洋国的国内和跨界海洋空间规划活动提供了基础性依据；欧盟法律与政策为跨界海洋空间规划提供了目标、原则和合作框架；区域性公约体系则结合具体海域实际，为其成员国提供了更为具体的技术标准、实施指南或数据交流共享平台。欧洲跨界海洋空间规划的发展也离不开欧洲各海洋国国内海洋空间规划体系的建立与实施，以及欧盟委员会下设部门与基金项目的主要资助，欧盟法律和政策是欧洲各海洋国国内海洋空间规划的主要推动力。

其中，跨界海洋空间规划项目在波罗的海区域的兴起与欧盟法律政策的驱动、区域政府间合作机制的稳步推进、各国国内海洋空间规划的普遍建立，以及网络化治理的发展等诸多因素密不可分。当然，波罗的海区域的共享数据平台和欧盟的资助也是起到了重要的、关键性保障作用。并且这些因素环环相扣、缺一不可。欧盟法律政策促成了波罗的海国家海洋空间规划国内法与政策的趋同性，还为各国国内海洋空间规划

---

① BALTSEAPLAN［EB/OL］.［2022-02-12］. https：//vasab. org/project/baltseaplan/.

② The project Land-Sea-Act［EB/OL］.［2022-02-12］. https：//www. bef-de. org/portfolio/land-sea-act-en/.

的制定设置了期限，才能为各国海洋空间规划的跨界合作提供可能性。但是，仅有欧盟法律政策也是远远不够的，稳定、持续、积极的政府间合作机制，是让跨界合作顶层设计得以"落地"的关键。

政府间合作机制在跨界海洋空间规划的重要性可以通过波罗的海与北海进行对比说明。位于大西洋东部的北海区域也在欧盟法律政策约束的范围内，尽管也有个别跨界海洋空间规划项目在北海开展，但就其数量和连续性来说，与波罗的海区域相比还存在着一定的差距。其中一个重要原因就在于《东北大西洋海洋环境保护公约》的执行机构 OSPAR 委员会对海洋空间规划的发展并未有太多实质性地推动举措。虽然早在2002 年卑尔根召开的第五次北海会议上，运用生态系统方法和促进北海各国跨界海洋空间规划合作就达成了共识，① 但 OSPAR 委员会对此进行的实际行动支持也仅限于组织缔约国召开研讨会以促进信息交流。②

另外，波罗的海网络化治理的因素也不可忽视。无论从程序性或实质性角度而言，利益相关者的参与都是跨界海洋空间规划不可或缺的部分。正如一些学者所言："跨界海洋空间规划的核心是利益相关者在跨界海洋公共资源配置和跨界海洋公共物品生产与分配等议题上的跨界合作。"③ 而利益相关者的参与必须依赖成熟的组织机制与稳定的参与渠道。并且对于非政府部门的利益相关者，长期参与波罗的海区域治理的传统与经验也保障了他们参与海洋空间规划项目的机会与质量。

简而言之，欧盟提供了法律政策依据敦促各国海洋空间规划的发展

---

① Declaration B. The Ministerial Declaration of the Fifth International Conference on the Protection of the North Sea［C］. Bergen, Norway, 2002.

② Frank Maes, An Cliquet. Marine Spatial Planning: Global and Regional Conventions and Organizations［M］//Daud Hassan, Tuomas Kuokkanen and Niko Soininen. Transboundary Marine Spatial Planning and International Law. New York: Routledge, 2015: 93.

③ 马学广，赵彩霞. 融合、嬗变与实现：跨界海洋空间规划方法论［J］. 中国海洋大学学报（社会科学版），2019，5：69-80.

与合作，政府间合作机制在其中充当组织者和协调员的角色。而网络化治理模式以及其他的组织、机构等利益相关者则从程序和实质层面为跨界海洋空间规划项目提供了辅助支持。以上诸要素环环相扣、功能连接紧密，加之欧盟的资助与波罗的海区域共享数据平台的建设，共同促成了波罗的海区域跨界海洋空间规划的蓬勃发展与整体推进，为其他区域的海洋空间规划跨界合作提供了可参考的经验借鉴。

我国海洋空间管理的实践已有 30 余年，海洋规划技术体系已日臻成熟。2019 年 5 月，随着《中共中央国务院建立国土空间规划体系并监督实施的若干意见》的出台，我国国土空间规划体系改革的进程全面开启。作为新国土空间规划的重要组成部分，海洋空间规划体系也面临着调整。我国与部分海洋邻国都处于海洋空间规划的探索和建设时期，正在积极建立、发展海洋空间规划制度，虽然在形式和技术方法方面存在差异，但其目标都是为实现更高效的海洋空间利用、减少用海冲突、协调海洋生态保护与开发利用的关系。对海洋空间规划事务方面有着共同的现实需求，可为海洋空间规划事务的交流与合作提供部分动力。并且《联合国海洋法公约》《生物多样性保护公约》等国际法文件为海洋保护利用合作提供了法律基础，即便是在未进行划界的争议海域，声索国之间也存在海洋空间规划事务合作的先例。[①]

近年来，我国积极与孟加拉国、巴基斯坦、马达加斯加、马来西亚等国家开展海洋空间规划交流与合作。2019 年 1 月，作为我国首例为"21 世纪海上丝绸之路"沿线国家编制的海洋空间规划——《柬埔寨海洋空间规划》的编制工作已基本完成。[②] 并且我国与泰国的海洋空间规划

---

① 郭雨晨. 欧洲跨界海洋空间规划实践研究及对南海区域合作的启示［J］. 海南大学学报（人文社会科学版），2020，38（4）：20-27.

② 刘川，腾新. 柬埔寨海洋空间规划编制基本完成［N］. 中国海洋报，2019-1-11（01B）.

合作也取得了实质性成果。① 这说明，我国与周边国家就海洋空间规划合作方面已经积累了一定的经验。在这样的情形下，除了协助海洋空间规划技术欠发达的国家制定规划与开展实践，与海洋邻国开展跨界海洋空间规划合作也不失为一种新的尝试。

稳定、持续、积极的政府间合作机制是跨界海洋空间规划发展的中坚力量。目前，东南亚地区在区域间政府合作机制的机构与制度安排方面都相对松散，但在海洋空间规划跨界合作方面也存在机遇与空间。东盟合作机制（如东盟10+3）以及其他国际机构建立的区域合作机制［如东亚海协作体（COBSEA）和东亚海环境管理伙伴关系（PEMSEA）］都是可以借助的合作平台。从合作事务来看，海洋空间规划的合作形式非常灵活，从不同尺度、不同领域可进行务虚或务实合作。波罗的海跨界合作既有专门的海洋空间规划合作务实项目，也有以信息交流、数据整合收集为主的辅助型务虚项目。在东南亚政府间合作机制相对松散的情形下，海洋空间规划的跨界合作可以从务虚项目入手，为之后的务实合作提供必要数据、沟通渠道与互信基础。

跨界海洋空间规划所需的网络化治理方面，东南亚区域可以借助构建"蓝色伙伴关系"的倡议来发展、完善。构建"蓝色伙伴关系"是我国政府推进海洋全球治理的重要举措之一，在为多元行为主体在海洋各领域的共同治理方面提供了有力支撑。② 我国建议的"蓝色伙伴关系"覆盖了包括海洋经济发展、海洋科技创新、海洋能源开发利用、海洋生态保护、海洋垃圾和海洋酸化治理、海洋防灾减灾、海岛保护和管理等多

---

① 周超. 海洋空间规划："中国方案"服务"海丝"沿线国家［N］. 中国海洋报，2018-11-19（03B）.

② 朱璇，贾宇. 全球海洋治理背景下对蓝色伙伴关系的思考［J］. 太平洋学报，2019，27（1）：50-59.

个领域,① 而这些领域都是海洋空间规划所涉及的核心内容或服务目标。

但是,推动跨界海洋空间规划实践的具体动因还需根据合作的国家而确定,在基于对合作国家海洋利用与保护现状,海洋法律政策,海洋经济、社会与环境保护发展目标,以及具体海洋部门发展方向的全面了解和深入研究的基础上,确定国家间目前和未来潜在的跨界资源和空间的保护与利用冲突,或确定行业合作协同增效的作用,以达到海洋空间规划合作 "1+1>2" 的目的。在此基础上,寻找跨界海洋空间规划合作的突破点,既可以从某具体的海洋部门和行业的跨界合作入手,也可以从某焦点海域入手。

综上所述,结合欧洲跨界海洋空间规划的法律政策基础和发展状况研究,从目前我国周边海洋形势、开展跨界合作的国内基础,以及我国与其他周边国家建立海洋空间规划体系的现实需求来看,我国在一定程度上已具备了与周边海洋邻国进行跨界海洋空间规划的基础。跨界海洋空间规划与海洋划界问题并不冲突,并且可以作为争议海域海洋资源开发利用与环境保护的临时措施。欧洲跨界海洋空间规划实践也同时提醒我们:首先,海洋空间规划没有标准范式,跨界海洋空间规划也如此,所以跨界海洋空间规划是一个立足于区域实际或合作方需求的 "量体裁衣" 的过程;其次,跨界海洋空间规划需要有明确的宏观目标和具体目标进行指引和推动;最后,高效利用现有国际、区域的法律与政策工具,已建立的双边合作机制和多边合作机制,以及已建立的平台对跨界海洋空间规划的推进可以起到事半功倍的效果。

---

① 朱璇,贾宇. 全球海洋治理背景下对蓝色伙伴关系的思考 [J]. 太平洋学报,2019,27 (1):50—59.

第七章

思考与启示

第一节　国外研究分析与总结

前述章节主要对我国现有海洋空间治理制度进行了梳理，并对以澳大利亚、德国、美国和英国为代表的国外海洋空间规划实践以及欧洲跨界海洋空间规划发展进行了介绍分析。国外空间规划体系或海洋空间规划体系的形成与特征与其政治经济体制、社会发展阶段、历史文化传统密切相关。

美国实行联邦制，其海洋空间规划体系具有分权体制下的松散特征：州与联邦（国家）层面空间规划体系不具有统一性、规划层级之间缺少传导与指标控制，加之政府更迭而造成的政策连续性较差，因此，美国顶层海洋空间战略与宏观政策方向变换频繁，并且完整的区域海洋空间规划体系仍未建立。而且美国区域层面海洋空间规划没有任何强制约束力，仅通过海洋数据门户充分展示生态本底数据和用海情况的形式，为涉海管理部门决策或州级空间规划编制提供参考。

通过对美国东北区域的马萨诸塞州和罗得岛海洋规划的研究分析，可以看出，美国各州海洋空间规划的内容与管控深度差别较大，在较为完整的数据基础之上，主要运用了分区和用海申请需满足的条件相结合的方式。分区是根据州级立法或政策要求，对海底地形、物种、栖息地、赖海活动、水下遗产保护和军事目的等活动进行保护。由于州级规划管辖范围较小（3 海里），其分区种类并不多，但罗得岛规划的研究范围远超过 3 海里管辖范围，旨在通过联邦一致性审查扩大州参与联邦决策的范围。美国州级规划除了分区管控还加入了各类项目用海申请需要满足的条件，因此更类似于"底图规划+用海申请指南"的混合体。

州与联邦的互动则体现在州的层面，通过根据联邦一致性审查对联邦的海洋活动、决策进行审查以保障其符合或与州的利益不冲突。而联邦层面，则通过依靠资金和政策等激励手段与州海洋管理进行协调，并且通过联邦一致性审查保持与州的互动。

德国虽为联邦制度，但其政治制度实际属于集权与分权体制的折中类型，联邦政府制定的国家规划顶层设计会通过下级规划层层落实，地方政府对规划事务也保留了较大程度的自主权。因此，德国联邦级、州级和地方级空间规划编制均采用自上而下和自下而上相结合的模式，被称为"混合规划体系"。[①] 虽然德国联邦政府没有制定陆域法定规划文件的权利，只能制定指导性规划文件，但仍可通过《联邦空间规划法》要求各州将联邦级规划指导文件的指导原则、规划原则因地制宜地进行落地，把握国家整体空间布局、发展和保护的方向，并且通过其他政策制定、立法权等"软性措施"对下级规划和专项规划施加影响。

德国的海洋空间规划分为领海空间规划与专属经济区空间规划，前

---

① Elke Pahl-Weber, Dietrich Henckel eds. The Planning System and Planning Terms in Germany, 2008, p. 39.

者由各沿海州政府负责编制实施，后者则由联邦政府负责，也是联邦政府唯一可以制定的法定规划。德国专属经济区空间规划自《联邦空间规划法》将规划范围从领土和领海扩展至专属经济区后，便启动了编制，目前正在执行的是 2021 年年底出台的第二版规划。

德国专属经济区规划的特征可以总结为"履约"和"集约节约"。其中，"履约"是指规划内容、空间划定依据、行业优先级排序等内容基本是在以《联合国海洋法公约》和国际航运组织为代表的国际条约及制度，《欧盟海洋空间规划路线图》《欧盟海洋空间框架指令》等为代表的欧盟法律政策，以及《保护波罗的海区域海洋环境公约》《东北大西洋海洋环境保护公约》为代表的区域条约的框架下确定的。在积极践行国际条约，履行条约赋予其权利义务的同时，将德国海洋经济发展、生态环境保护、国防等空间安排扩展至专属经济区与大陆架区域。"集约节约"是指规划通过时序用海、多用途协调、用途转换和节约用海的分区与管控规则设定来统筹、协调海洋生态环境保护与海洋开发利用之间的冲突以及不同海洋开发利用之间的冲突。

英国也属于集权与分权体制之间的体制，有国家层面控制力较强的中央政府，也有较高自治度的地方政府。因此，英国海洋空间规划体系具备顶层设计，且国家和区域规划层级衔接较为紧密。英国目前已经形成了较为完整的海洋空间规划体系制度，顶层有《海洋与海岸带准入法》以及《英国海洋政策声明》，这两部法律与政策文件设定了包括英格兰、苏格兰、威尔士和北爱尔兰整体的海洋空间保护发展目标与框架。顶层规划设计下，英国各区域分别开展了区域海洋空间规划的制定，规划范围包括英国领海与专属经济区大陆架。苏格兰在区域海洋空间规划基础上进行了更低一层级地区海洋空间规划的探索。英国目前已出台的各区域海洋空间规划采用"规划政策（即管控规定）+政策地图"的方式进行保护与利用活动的空间布局引导。通过宏观目标、具体目标、规划政策的设定，将具体目标的实现与规划政策的实施进行挂钩，为规划实施和评估提供支撑。规划政策又可大致分为一般性政策和行业/事务政策，一般性政策覆盖经济、社会、环境、生态保护和海洋治理等。行业/事务政策包括渔业、海砂、新能源、传统能源、航运、国防、旅游等。并且最新发布的规划政策与早期规划相比类别更加细致，增加了物种入侵、海洋垃圾、水质等政策，体现了规划适应性管理的特征。用海许可申请过程中，海洋主管部门会根据项目选址和项目特征对所处区域适用的海洋空间规划政策进行一一审查。因此，规划政策的细化意味着对用海活动的管控要求更加详尽，在用海申请阶段，拟申请项目将受到的审核内容及要求清晰且具体。

与上述国家将具体的功能、行业为基础将海域进行分区管理的"功能型分区"（如养殖区、风电区）相比，澳大利亚采用明确区域总体管理目标而非具体功能的"目的型分区"方式（如一般利用区、海洋公园区）。前一种分区模式维持了传统海洋管理中主要以单一海洋部门或海洋活动为管理对象的模式；后一种分区模式则是不以管制某一海洋部门或活动为主要目的，而是为了实现所划区域将要达到的既定管理目标的整体性空间管理方式。

澳大利亚海洋空间规划体系主要分为联邦级海洋空间规划、州级海洋空间规划以及联邦与州合作的海洋空间规划 3 类。州级管辖海域为海岸线至领海基线向外 3 海里区域，联邦管辖海域由州管 3 海里外开始直至专属经济区与大陆架外部边界。联邦层级大尺度的生物区域规划、联邦海洋公园管理计划（海洋公园网络）、各州海洋公园区划、联邦与州合作管理的海洋公园区划（大堡礁海洋公园），各层各类规划均体现了较强的生态环境保护倾向，属于"在保护中利用"的规划类型，利用方式也大多是旅游观光、捕捞、科研等轻度用海活动。因此，对于以保护为主要目的海洋空间规划，具有借鉴价值。作为学术界和实务界公认的海洋空间规划最初实践——大堡礁海洋公园在《大堡礁海洋公园法》为主的法律体系支撑下，运用基本区划和多种划区管理工具叠加的方式进行管理。用海活动不仅要符合基本区划的准入、禁止要求，还要遵循叠加的各种划区管理工具的管控要求。并且在澳大利亚大堡礁海洋公园采用的"目的型"规划方式下，规划管控要求的设定采用问题导向与目标导向相结合的方式：首先确定区域的保护对象（某种价值、生物或生态系统）、再识别人类活动对此类保护对象可能造成的压力以及存在的问题；根据这些识别结果，再进一步确定管控人类活动的方式与强度。因此，这种层层叠加的方式构建了大堡礁海洋公园保护利用的精细化管控体系，对于重点区域，达到了国内类似详细规划的管控力度。

第二节　国外海洋空间规划与治理的共性内容

一、整体性表达与精细化管理

美国《东北区域规划》最主要的成果是东北区域数据信息系统（东北海洋数据门户）的完善。规划数据中包括了海洋生物和栖息地、文化资源、海洋运输、能源与基础设施、养殖等 10 类。州级规划也是划定特殊敏感区域（主要为不同物种栖息地、潮间带滩涂、鱼类资源区、大叶藻区等）以及赖水利用区（主要为捕鱼、航运、休闲娱乐用途），或将其他地理特征独特、重要自然生境、自然生产力高、具有历史文化价值等区域划为特别关注区来对用海活动进行提示与引导。英国各区域海洋空间规划通过规划政策的地图将各类海洋保护、现状开发利用活动及开发利用潜力区进行了完整展示，德国专属经济区规划也是如此。这样的表达方式具备以下优势：①对拟保护的物种、特殊生态系统进行整体性表达，符合基于生态系统方法管理的要求；②对保护与利用需求在空间上的矛盾与冲突进行直观展示，有助于针对性地制定对不完全排除人类活动的保护区域的准入、管控要求；③可展示不同用海活动对相同区域的重叠需求，可以供规划者、涉海管理者以及用海者清晰掌握该片海域的需求和利用冲突。这对功能区内主导、兼容功能的确定，不同行业空间布局的统筹协调，甚至对海域使用金征收标准来说，都具有明确的指引作用。在明确主导、兼容功能的基础上，对该片海域是否具有较强的立体用海、多用途用海潜力和需求方面也有较为明确的展示，这类多种需求重叠较多的区域也应是管理部门重点关注和管控的区域。

在整体性表达的基础上，精细化管理得以实施。例如，英国用海项目申请需要对所有拟申请项目区域所涉及的规划政策进行一一核对，原则上必须满足所有一般性政策和特殊性政策的用海管理要求。如果出现拟申请用海不符合政策标准，或出现与海洋规划相冲突的情况，申请者需论证说明管理部门仍需支持该项目申请的理由。另外，申请者应针对与其项目申请相关的政策符合性做一个全面评估，规划中的每个政策要求，要么得到了满足，要么确定了存在的问题并在项目申请中增加了调整、缓解或其他解决措施予以解决。如果不能进行适当调整、缓解或无法解决的，并且没有其他充足的项目必要性论证理由，则认为该项目的用海申请应不予支持。规划的整体性表达在用海项目申请阶段针对每个项目对不同用海保护和利用活动或其他因素所造成的影响进行逐项考虑和排除，为海域精细化管理提供了直接依据。

大堡礁海洋治理除了基本区划还叠加了若干管理制度，多管齐下对大堡礁海域进行保护与人类活动管理。基本区划覆盖大堡礁海洋公园全域，基本分区有明确的准入和禁入内容，这是澳大利亚大堡礁海洋公园海洋空间规划多层管理机制中最基础和最重要的一层。在此基础上，为了对更具体的区域和保护对象提供有针对性的保护和保育措施，在8个基本分区之上，管理部门又叠加了其他管理工具，包括附加规定的3类指定区域和偏远自然区，并根据管理区域制定了 3 个区域管理计划以更精准地管理人类活动。尽管这些划区管理手段和具体活动的管理措施都有各自的法律依据和目标，但当这些措施运用到大堡礁海洋公园时都必须遵循相应的区划目标和要求。当管理尺度逐渐缩小至报告研究的案例——利泽德岛时，管理规定已细化至不同区域人员进入规模、船只停泊、水上活动开展方式等具体要求。

二、海洋行业发展重点与优先级明确

从德国、英国和美国海洋空间规划来看，在通过对海洋保护利用活动进行完整性表达且可视化的基础上，规划与用海管理对行业和部门发展的空间保障的优先级也作出了明确安排，以作为用海矛盾产生冲突时的决策依据。

德国专属经济区规划行业发展优先级的方式是通过对行业进行分区，以及明确分区的级别设定（优先区或预留区）得以反映。德国专属经济区的分区并不覆盖全行业和部门，只有部分重要或给予优先保障的行业才采用分区方式予以空间保障，并辅以管控要求；其他行业仅采用明确一般性开发保护原则或详细规则进行管理。英国不同规划区域，根据其自然禀赋和经济发展特征对行业的优先级排序有些许差异。例如，英格兰东部海域是英国发展风电项目最具潜力的区域，因此，英格兰东部规划给予风电政策较高的优先性；英格兰南部海域与法国海域毗邻，因此，国防在南部规划中处于绝对优先级的地位；同样，威尔士将国防用海、保护现状用海活动和未来战略资源区也列为了规划的优先保障事项。规划政策的优先级可根据规划政策管控要求中对其他用海活动的排他性程度以及规划政策所配地图的种类进行判别。

三、规划内容与管理效果评估

英国和德国海洋空间规划编制实施的全过程都伴随着各类评估。英国规划编制期间的评估包括对生态环境、社会、经济进行综合考虑的可持续性影响评估以及以保障受保护的栖息地免受规划不利影响的栖息地评估。德国则是主要针对生态环境保护的战略环境影响评价。而且两国海洋空间规划编制前期会设计多套规划方案，作为规划草案整体保护、利用方向和空间布局的参考，并经过评估识别各套规划的优势、缺陷及可能产生的问题为规划草案提供参考。

英国的可持续性评估是对拟制定的规划对社会、经济和环境产生的影响进行评估，其中就包括了战略环境影响评估和公平影响评估的内容，以确保规划内容遵守可持续发展的要求。可持续性评估以现状（即没有新规划或政策干预的情形）为基准，预测、评估新的规划或政策的实行将会对社会、经济和环境的发展产生怎样的影响，同时也是确认并且减弱拟定规划潜在的负面影响的过程。除可持续性评估外，英国海洋空间规划的草案也需要进行栖息地影响评估，该评估旨在评价规划对受保护的栖息地和物种可能产生的影响。

与英国相似，德国的专属经济区空间规划编制前期也草拟了 3 套方案，并辅以各套方案评估的过程。这 3 套方案对于德国专属经济区规划最终拟达到的宏观效果侧重点不同，包括侧重传统用途发展（航运保障）、侧重气候保护（风电建设）以及侧重自然保护（海洋保护区建设）。德国使用的评估工具为"战略环境影响评价"，与包括环境、经济和社会 3 个维度的"可持续性评估"不同，战略环境影响评价仅关注环境维度。以上可持续性评估、栖息地评估/战略环境影响评价与海洋空间规划的编制过程并行，规划备选方案的确定与选择都会经过评估；规划的草案和终版规划也都会经过评估；终版规划予以通过并公布时，评估报告也需要同时公布。

四、专属经济区规划与跨界协调

除美国专属经济区规划预计 2026 年完成外，英国、德国和澳大利亚的海洋空间规划均已覆盖专属经济区与大陆架。澳大利亚的生物区域规划以生物多样性保护为目标，英国和德国的专属经济区规划以开发利用为主要目的。通过专属经济区与大陆架海洋空间规划的制定与实施，沿海国不仅可以在《联合国海洋法公约》为代表的国际法框架下行使国际公约赋予的各项权利，扩展"蓝色发展"空间、保护海洋环境与生物多样性，也能增强对主权权利管辖空间下的实际控制，维护国家海洋权益。

另外，德国专属经济区空间规划还具有明显的跨界协调特征。根据《联邦空间规划法》第十七条，在专属经济区空间规划的编制中，联邦内政、建筑和社区部需与邻国和各州合作，确保空间规划计划与邻国和各州空间规划协调一致。因此，德国专属经济区规划的编制过程也伴随着与邻国的意见征求与协商，以促进规划边界"线性"（如航运、电缆管道、生物迁徙廊道）和"块状"（如风电区、海洋保护区）用海与邻国海洋空间规划的衔接性，最终实现欧盟法律政策主导下的欧洲海洋空间一体化目标。除了与邻国进行规划协调外，德国专属经济区空间规划与州级规划领海部分毗邻的区域也做了衔接。

五、政策规划管理目标实施链条构建

海洋空间治理中的战略、政策、规划、制度以及法规依据应形成一套完整且互相支撑、辅助的治理体系。海洋政策、规划为顶层战略的实施服务，是海洋战略落地的具体抓手；海洋制度应与规划的设计和实施紧密配套，为战略的落地、政策的执行、规划的实施提供最终的落脚点；而法律法规则为上述治理体系的实施提供强有力的保障支撑。

海洋空间规划的目标指标体系应由一系列宏观目标、具体目标、管控措施、指标、阶段性目标组成。[①] 宏观目标为整体发展方向或意图的概述，一般为定性化语言叙述。例如，保持、修复生物多样性，促进可再生能源的可持续发展，改善沿海地区居民生活水平、提高社会福祉等。具体目标则是具有可操作性和执行性的、预期达到的量化结果，以支撑宏观目标的达成。[②] 例如，至 2025 年，海洋石油行业作业产生的油污水排放总量与 2020 年相比减少 15% 等。管控措施是为达到具体目标的详细管理手段，包括输入型管控、生产方式（过程）管控、输出型管控。输入型管控，如控制渔船数量、大小、捕捞方式；生产方式（过程）管控，如禁止在海域内使用炸药或要求在海洋工业设备上安装噪声抑制装置；输出型管控，如限制压载水排放、限制捕捞数量、限制附带渔获物、限制海砂采挖量等。指标分为治理型指标、社会经济型指标和生态环境型指标。

英国已建立了较为完整的海洋空间规划目标指标体系。通过海洋战略性文件《保卫我们的海洋》（2002）和《英国海洋政策声明》构建起英国海洋保护利用的总体目标框架。英格兰等区域的空间规划，再通过不同区域的规划愿景、具体目标，将战略、宏观政策确定的总体目标进行"本地化"落实。区域规划所制定的规划政策（管控措施）为实现该区域规划具体目标而服务，根据目标确定的评估指标体系在规划实施评估中评价具体目标实现的程度。层级目标体系不仅是规划执行、实施、传导的重要指引，还是规划实施监管与评估的关键依据。澳大利亚各级海洋空间规划也是通过明确区域保护目标与价值、进行压力分析识别问

---

① Charles N. Ehler. A Guide to Evaluating Marine Spatial Plans (United Nations Educational, Scientific, and Cultural Organization, 2014).

② 具体目标应符合 SMART 标准，即具体的、可测量的、可实现的、相关并切合实际的，以及有时限的。

题、制定宏观策略与具体措施的方式，通过管控措施的落实层层推进保护目标的实现。德国则未使用指标要素作为管控或评估手段，这主要与德国的规划控制手段和涉海规划层级相关。德国陆域规划虽分为联邦、州和市镇3级，但海洋规划则按行政管辖分为领海与专属经济区空间规划。领海空间规划是州级规划的一部分，由州政府编制实施，专属经济区空间规划则由联邦政府负责。由于没有州层级以下的地方海洋规划，德国领海空间规划无下一级规划传导。并且德国规划体系中，除了城市建设规划，空间类规划极少使用指标要素作为控制手段。相应地，领海规划与专属经济区规划也没有指标设置，主要通过图则和文本（管控规则）对开发利用活动进行指引与约束。

第三节　对我国的启示

在中国特色社会主义制度的引领下，在生态文明建设的大时代背景下，我国国土空间规划体系建设的相关要求已经在《若干意见》中进行了明确。我国此次国土空间规划改革要"建立全国统一、责权清晰、科学高效的国土空间规划体系，整体谋划新时代国土空间开发保护格局，综合考虑人口分布、经济布局、国土利用、生态环境保护等因素，科学布局生产空间、生活空间、生态空间"。

《若干意见》构建起的"五级三类四体系"规划体系，规划层级对应我国行政管理体系，体现不同空间尺度与深度的管理要求；规划类型则对规划体系的综合性、专业性和实施性分别予以落实；"四体系"则从规划审批、实施及技术与法律支撑角度对空规体系予以保障。关于规划的编制和实施要求也明确了"自上而下编制各级国土空间规划，对空间发展作出战略性系统性安排""坚持生态优先、绿色发展""在资源环境承载能力和国土空间开发适宜性评价的基础上，科学有序统筹布局生态、农业、城镇等功能空间"等一系列要求。下面将以《若干意见》中提出的指导性内容为出发点，结合国外研究成果，从我国规划体系完善、规划内容和制度健全等方面提供建议。

（1）制定我国整体性、长期性海洋保护利用发展战略，完善涉海规划体系与法律依据。

首先，目前我国还未出台国家综合性海洋顶层设计。综合性国家海洋战略或政策应明确我国中长期海洋生态环境保护修复、海洋经济社会发展、海洋科技、海洋安全、海洋文化保护、海洋外交合作以及海洋权益保护等目标，并且对以上内容的统筹以及各涉海行业的发展提出具体的鼓励引导与约束要求。

其次，完善涉海规划体系，强化海洋规划用途管制制度，明确涉海详细规划的探索编制要求。在传统涉海规划"约束指标+分区准入"的大尺度分区分类用途管制基础上，针对重点海域（海洋生态控制区、立体用海区域、多用途用海区域）以及陆海一体化保护利用空间进行"详细规划+规划许可"的管制方式，以完善涉海规划体系，为海域精细化管理在规划层面奠定基础。如果涉海详细规划得以落实和实践，原用海用岛审批制度也需进行相应的改革与调整。

最后，通过法律法规的修订与制定，进一步明确规划的编制内容和程序性要求。在内容方面，明确主要涉海规划（总体规划中海洋部分、海岸带专项规划和涉海详细规划）的内容，促进各级各类规划内容、指标的传导、协调与衔接。在程序方面，明确规划编制、实施评估、修订/修编的具体程序，以及编制实施过程中与其他相关管理部门、利益相关者的合作规定，特别是明确规划编制阶段毗邻区域规划相互协调的程序与要求。

（2）海洋战略、政策、规划与用海制度之间形成明确的治理框架，规划目标、用海管理以及评估指标之间形成明确的传导链条。

海洋政策、规划为顶层战略的实施服务，是海洋战略落地的具体抓手；海洋制度应与规划的设计和实施紧密配套，为战略的落地、政策的执行、规划的实施提供最终的落脚点。我国以往的海洋空间类规划、区划的目标体系，普遍存在目标设定太泛、针对性和指导性较弱等问题，在一定程度上导致上级规划指导性不强、约束性较弱，各级规划的目标体系之间缺乏清晰的逻辑与层级递进关系，很难通过规划实施从下至上保障规划顶层宏观设计的实现。国家级空间规划海洋部分的目标，应体现政策引导、区域定位、开发保护总体预期、区域协调、海洋权益保护和国家安全等内容。省级空间规划海洋部分的目标应该包括宏观目标与具体目标，对国家级规划目标结合本省实际进行落实。并且省级规划的具体目标应与规划保护利用布局，各类管控规则、措施，以及指标体系之间建立清晰的传导链条和追溯关系（图7-1）。地市级规划则需要在落实省级目标的基础上，充分发挥主观能动性，对省级规划明确的措施、管控规则和指标通过涉海详细规划编制和用海项目审批进行具体落地。这套目标、管控措施、指标体系的形成，在强化规划本身的内在逻辑的同时，也为规划实施评估提供明确指引。

（3）海洋生态保护区、生态控制区管控规则逐级细化，探索涉海规划战略环境影响评估。

2022年8月，《自然资源部 生态环境部 国家林业和草原局关于加强生态保护红线管理的通知（试行）》中对生态保护红线内自然保护地核心保护区外的10类对生态功能不造成破坏的有限人为活动进行了原则性规定。但这些规定还需要结合红线不同的保护类型/对象进一步细化，以总量控制为手段，细化不同保护区域与控制区域的准入类型、用海方式、保护利用时序等，确保资源的生态可持续利用。并且在细化规则的基础上，以"详细规划+规划许可"的形式，以管控规则和法定图则为抓手，对具体用海活动的布局、规模、强度、生态保护要求、季节性保护利用

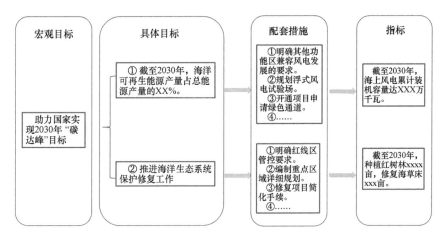

图7-1   省级海岸带规划目标指标体系示意

要求等在空间上进行精细化落位。除了生态红线区外，海洋生态控制区
的保护与利用要求，也需要根据规划层级逐渐细化。

　　另外，规划环境影响评估方面，我国法律法规已对需要进行环境影
响评价的规划种类进行了界定，包括"国务院有关部门、设区的市级以
上地方人民政府及其有关部门，对其组织编制的土地利用的有关规划，
区域、流域、海域的建设、开发利用规划"以及"国务院有关部门、设
区的市级以上地方人民政府及其有关部门，对其组织编制的工业、农业、
畜牧业、林业、能源、水利、交通、城市建设、旅游、自然资源开发的
有关专项规划"。① 上述规划类型界定的立法逻辑似乎说明了只有"可开
发利用"性质的规划才需要进行环境影响评估，而对于"含有生态环境
保护与修复"内容的规划不在要求进行规划环境影响评价的范围内。鉴
于此，基于"双评价"、生态保护以及基于生态系统管理为规划逻辑起点
的各级总体规划和海岸带专项规划不符合上述应进行评价的规划范围。

―――――――――――

　　① 《中华人民共和国环境影响评价法》第七条、第八条。

即使总体规划与海岸带专项规划符合进行环境影响评价的要求，环境影响评价的核心评价内容也与总体规划的基础评价内容重叠。①

目前，各指南对于进行规划环境影响评估/战略环评的要求并不统一。《若干意见》规划编制要求中提出"依法开展环境影响评价"。《省级国土空间规划编制指南（试行）》在规划论证和审批方面，明确要求规划论证需包括环境影响评价。②《市级国土空间总体规划编制指南（试行）》中则对规划环境影响评价未提出明确要求。③《省级海岸带综合保护与利用规划编制指南（试行）》中，也并未就开展规划环境影响评价进行规定。④《广东省市级国土空间总体规划编制手册（试行）》则要求对规划成果进行环境影响评价和社会稳定风险评估。

海洋自然环境的流动性，海洋资源与海洋活动分布、影响的跨区域性，以及基于陆海统筹的海洋管理思路是涉海规划需开展环境影响评价的客观基础。而以往的各级海洋功能区划与海岛保护规划，由于缺乏明确的法律规定和政策依据，规划环境影响评价的工作并未开展。目前正在开展的各级海岸带专项规划编制也未见规划环境影响评估的内容。

因此，涉海类规划编制过程应引入环境影响评价的程序性要求，待技术体系、基础数据、相关法规政策发展成熟后，再向建立经济、社会与环境多维度评价制度探索，以最终实现规划平衡海洋生态环境保护与海洋开发利用，以及平衡各类海洋开发利用活动的目的。

---

① 常纪文，等．国土空间总体规划环评工作的思考与建议［J］．中国土地，2022（8）：21-23.

② 自然资源部办公厅关于印发《省级国土空间规划编制指南》（试行）的通知（自然资办发〔2020〕5号）。

③ 自然资源部办公厅关于印发《市级国土空间总体规划编制指南（试行）》的通知（自然资办发〔2020〕46号）。

④《关于开展省级海岸带综合保护与利用规划编制工作的通知》（自然资办发〔2021〕50号）。

（4）在完善基础数据的基础上，探索国土空间规划系统本底要素以及规划成果的整体性表达，加强本底数据与规划"一张图"结合的数字化建设。

在生态环境保护方面，整体性表达是对资源本底调查结果进行空间落位，结合生态保护红线、双评价成果、重要生态系统、珍稀自然资源分布等，完整表达海洋国土空间的生态重要区分布，形成海洋生态保护格局。在开发利用方面，整体性表达是综合统筹考虑各专项规划、行业需求、项目建设需求等，完整、连贯地表达各类海洋开发利用现状分布与发展潜力区/规划引导区域，尤其需要注重线性用海活动的整体性表达，如航行、海底路由等。整体性表达的优势有以下几点：首先，可以为生态红线区域可开展的人类活动提供位置或使用时序指引，为红线区域设定管控原则和进行更详细的规划提供依据；其次，海洋功能分区在确定主导功能的基础上明确兼容功能，整体性表达可以通过明确兼容用海活动的发展潜力区/规划引导区，对主导功能区内事宜发展兼容功能的位置进行明确，为立体用海、多用途用海的项目申请与审批提供指引。

（5）地方级规划探索涉海"弹性""优先"规划分区与"柔性"分区边界的划定，用海用岸管理进一步向集约节约精细化发展。

我国实施全覆盖无重叠的分区方案。为体现海洋国土空间多功能性，高效利用海洋国土空间，短期规划期内确定的管控要求原则上不得突破，但基于长期目标及实际开发情况，可制定"弹性"管控要求，针对分区提出可转换的用途，建立活力弹性管控体系。对因海岸线修测等原因产生的海岸线以外的有土地证、实际成陆区域、潜在成陆区域等争议空间；对短期开发利用后即可转化为其他用途的区域（如海砂开采活动结束后，不影响预留交通用海等其他开发利用活动）；对依目标及当地条件进行改造提升，引导原有功能逐步退出的区域等，划定弹性空间，为未来转化用途提供依据。

271

功能分区也可进一步细化，分为重点保障区/优先区和一般区域/预留区，对行业发展的最低空间要求进行识别与根本性保障，例如，传统养殖等经济效益不高但仍需开展，并且易被其他兼容产业挤占的用海活动提供空间保障空间。

基于生态系统关联性以及海水的流动性考虑，可考虑在主导功能差别较大的分区之间（如生态控制区与工矿通信用海区）探索"柔性"边界或缓冲区域的划定。

规划分区的细化最终目的在于为用海用岸精细化管理进一步发展提供规划层面的支撑。在近海利用空间已趋于饱和的情况下，开展项目用海规模/面积控制、低效闲置用海退出，实施包括时序用海、立体分层用海、多用途用海在内的海域空间高效利用方式，进行岸线与潮间带分类精细化管理，健全深化海域岸线自然资源资产化管理模式等都是进一步提升海域岸线高效利用与精细化管理的要求，相关的行业标准、技术标准文件也待政策制度的出台而配套、更新。

（6）从理论体系构建、规划、制度层面继续深化陆海统筹。

陆海统筹作为本轮国土空间规划编制的要求和原则，其重要性被反复提及。虽然学术界和实务界对陆海统筹理论已有一定的研究成果，但由于研究的空间尺度不同且重点各异，总体上仍缺乏系统性综合性理论体系的构建。并且从目前的规划实践和制度衔接来看，仍有进一步深化的空间。

首先，海岸带专项规划作为原海洋功能区划与海岛保护规划内容的延续，在我国本轮国土空间规划体系中的地位终得以明确。海岸带规划也理应在此轮空间规划体系改革中成为陆海统筹最主要的抓手与践行区。但由于海岸带专项规划在市县级编制的要求中未明确，以及以海岸带规划、流域规划为代表的区域性综合专项规划于其他行业专项规划的地位未进行区分，造成了目前省级海岸带专项规划编制过程中的被动局面以及与下级规划内容传导衔接的问题。因此，海岸带专项规划在空间规划体系中的重要性与必要性仍有待进一步明确。

其次，《国土空间调查、规划、用途管制用地用海分类指南》将陆海空间进行了区别分类，陆海空间分类仍旧相对独立且彼此之间管控要求缺乏衔接。目前，广东省海岸带规划修编工作试图打通岸线建筑退缩线制度、岸线分类保护制度与潮间带分类保护制度彼此间的管控要求壁垒，并且通过陆海一体化空间识别将陆海分类进行衔接，切实贯彻陆海统筹要求，使传统的"一线管控"走向"一带管控"。

（7）探索专属经济区大陆架空间规划编制，健全专属经济区大陆架开发利用保护制度与法律支撑。

国土空间规划改革体系前，专属经济区大陆架的保护利用内容在《全国主体功能规划》和《全国海洋功能区划》中以文字形式呈现。而专属经济区与大陆架规划未进行空间落位的顾虑可能主要来源于我国与沿海邻国未进行海洋划界。但是，海洋划界的过程极其复杂漫长，具有很大的不确定性，待我国与所有沿海国的海洋划界尘埃落定，空间规划已为时已晚。制定实施专属经济区大陆架规划，也是我国对主张海域进行实际管辖的方式之一。即便在我国与其他声索国存在争议的区域进行规划探索或合作，也不违反《联合国海洋法公约》的相关规定。并且欧洲也存在两国在海域划界尚未划定就已进行跨界海洋空间规划合作的先例。[1]

我国专属经济区规划可在领海外部边界向外的毗连区、海域划界争议敏感度较低或虽存在争议但合作基础较好的区域（如黄海），采用海洋生态环境保护专项规划或行业专项规划（如风电规划、渔业规划）进行

---

[1]　郭雨晨. 欧洲跨界海洋空间规划实践研究及对南海区域合作的启示［J］. 海南大学学报（人文社会科学版），2020（4）：20-27.

初步尝试，并且配套建立专属经济区海洋保护区制度及开发利用管理制度与法律依据，待区域性、行业专项规划发展实施成熟后再向覆盖范围更广、更具综合性内容的规划类型扩展。专属经济区规划不仅涉及国内海洋保护利用，还包括涉外海洋保护利用和海洋权益维护，建议由国家层面牵头组织制定并与相邻的省管海域相关规划做好协商、加强合作，待规划制定与用海管理发展成熟后，可考虑下放至省级进行委托管理。

参考文献

本刊编辑部,2019. 国土空间规划体系改革背景下规划编制的思考学术笔谈[J]. 城市规划学刊(5):1-13.

曹康,张庭伟,2019. 规划理论及1978年以来中国规划理论的进展[J]. 城市规划,43(11):61-80.

陈梅,周连义,赵月,2022. 海洋生态空间用途管制法律问题研究综述[J]. 海洋开发与管理,39(5):64-73.

程鑫,2021. 中国专属经济区司法管辖权之合法性证成[J]. 上海政法学院学报(法治论丛),36(4):101-112.

崔旺来,2015. 论习近平海洋思想[J]. 浙江海洋学院学报(人文科学版),32(1):1-5.

邓丽君,栾立欣,刘延松,2020. 英国规划体系特征分析与经验启示[J]. 国土资源情报(6):35-38.

狄乾斌,韩旭,2019. 国土空间规划视角下海洋空间规划研究综述与展望[J]. 中国海洋大学学报(社会科学版)(5):59-68.

方春洪,2018. 海洋发达国家海洋空间规划体系概述[J]. 海洋开发与管理(4):51-55.

傅金龙,沈锋,2008. 海洋功能区划与主体功能区划的关系探讨[J]. 海洋开发与管理(8):3-9.

顾小艺,杨潇,白蕾,等,2022. 英国海洋空间规划栖息地评估制度及其对我国的启示[J].

自然资源情报(6):18-24.

郭雨晨,2020. 欧洲跨界海洋空间规划实践研究及对南海区域合作的启示[J]. 海南大学学报(人文社会科学版)(4):20-27.

郭雨晨,2020. 英国海洋空间规划关键问题研究及对我国的启示[J]. 行政管理改革(4):74-81.

郭雨晨,练梓菁,2022. 波罗的海治理实践对跨界海洋空间规划的启示[J]. 中国海洋大学学报(社会科学版)(3):58-67.

郭雨晨,孙华烨,2021. 海洋空间规划的理论与实践刍议[J]. 中华海洋法学评论,17(2):27-55.

郝庆,2018. 对机构改革背景下空间规划体系构建的思考[J]. 地理研究,37(10):1938-1946.

何方,黎思恒,唐晓,等,2022. 关于立体集约生态用海的案例借鉴与制度探索[J]. 海洋开发与管理,39(7):113-118.

何广顺,杨健,2013. 海洋功能区划研究与实践——天津市海洋功能区划编制[M]. 北京:海洋出版社.

何彦龙,黄华梅,陈洁,等,2016. 我国生态红线体系建设过程综述[J]. 生态经济,32(9):135-139.

胡志勇,2020. 特朗普政府新海洋政策走向及其地缘影响[J]. 贵州省党校学报(2):89-98.

黄沛,丰爱平,赵锦霞,等,2013. 海洋功能区划实施评价方法研究[J]. 海洋开发与管理,30(4):26-29.

黄小露,王权明,李方,等,2019. 美国东北部海洋空间规划简介及对我国的借鉴[J]. 海洋开发与管理,36(9):3-8.

贾宇,2018. 关于海洋强国战略的思考[J]. 太平洋学报,26(1):1-8.

姜忆湄,李加林,马仁锋,等,2018. 基于"多规合一"的海岸带综合管控研究[J]. 中国土地科学,32(2):34-39.

李滨勇,王权明,黄杰,等,2019. "多规合一"视角下海洋功能区划与土地利用总体规划的比较分析[J]. 海洋开发与管理,36(1):3-8.

李强,肖劲松,杨开忠,2021. 论生态文明时代国土空间规划理论体系[J]. 城市发展研究,28(6):41-49.

李彦平,刘大海,2020. 海域空间用途管制的现状、问题与完善建议[J]. 中国土地 (2):22-25.

林坚,吴宇翔,吴佳雨,等,2018. 论空间规划体系的构建--兼析空间规划、国土空间用途管制与自然资源监管的关系[J]. 城市规划,42(5):9-17.

林静柔,高杨,2020. 基于精细化理念的海岸线管控思考与探讨[J]. 海洋开发与管理,37(6):60-64.

刘百桥,2008. 我国海洋功能区划体系发展构想[J]. 海洋开发与管理(7):19-23.

刘百桥,孟伟庆,赵建华,等,2015. 中国大陆 1990-2013 年海岸线资源开发利用特征变化[J]. 自然资源学报,30(12):2033-2044.

刘超,崔旺来,朱正涛,等,2018. 海岛生态保护红线划定技术方法[J]. 生态学报,38(23):8564-8573.

刘赐贵,2012. 关于建设海洋强国的若干思考[J]. 海洋开发与管理,29(12):8-10.

刘佳,2013. 美国颁布国家海洋政策执行计划[J]. 国土资源情报(10):3.

刘磊,王晓彤,2020. 论特朗普政府的新海洋政策——基于特朗普与奥巴马两份行政令的比较研究[J]. 边界与海洋研究,5(1):14.

刘亮,王厚军,岳奇,2020. 我国海岸线保护利用现状及管理对策[J]. 海洋环境科学,39(5):723-731.

刘卫东,2014. 经济地理学与空间治理[J]. 地理学报,69(8):1109-1116.

鹿守本,1997. 海洋管理通论[M]. 北京:海洋出版社,1997.

孟鹏,王庆日,郎海鸥,等,2019. 空间治理现代化下中国国土空间规划面临的挑战与改革导向——基于国土空间治理重点问题系列研讨的思考[J]. 中国土地科学,33(11):8-14.

谭雪平,杨耀宁,2021. 浅析国土空间规划中"双评价"体系的联动性——基于德国战略环境评价的分析借鉴[C]. 面向高质量发展的空间治理——2021 中国城市规划年会论文集(13 规划实施与管理):597-604.

王江涛,2014. 城市化和工业化冲击下海岸线管控战略研究[J]. 中国软科学(3):10-15.

王增发,2022. 我国海域使用权流转法律制度研究[D]. 大连海洋大学硕士学位论文.

吴次芳,等,2020. 国土空间规划[M]. 北京:地质出版社,2020.

吴次芳,等,2020. 国土空间用途管制[M]. 北京:地质出版社,2020.

吴跃,2012. 中美海洋治理比较分析[D]. 山东大学硕士学位论文.

吴志强,2020. 国土空间规划的五个哲学问题[J]. 城市规划学刊(6):7-10.

夏立平,苏平,2011. 美国海洋管理制度研究——兼析奥巴马政府的海洋政策[J]. 美国
  研究,25(4):17.

肖军,2021. "多规合一"与国土空间规划法的模式转变[J]. 北京社会科学(8):67-76.

谢阳,2017. 论我国海域使用权流转制度之完善[D]. 华南理工大学硕士学位论文.

邢文秀,刘大海,刘伟峰,等,2018. 重构空间规划体系:基本理念、总体构想与保障措施
  [J]. 海洋开发与管理,35(11):3-9.

徐伟,刘淑芬,张静怡,等,2014. 全国海洋功能区划实施评价研究[J]. 海洋环境科学,33
  (3):466-471.

杨顺良,罗美雪,2008. 海洋功能区划编制的若干问题探讨[J]. 海洋开发与管理(7):
  12-18.

杨永红,2017. 从北极日出号案析沿海国在专属经济区的执法权[J]. 武大国际法评论,1
  (3):144-157.

俞可平,2018. 中国的治理改革(1978-2018)[J]. 武汉大学学报(哲学社会科学版),71
  (3):48-59.

虞阳,申立,武祥琦,2015. 海洋功能区划与海域生态环境:空间关联与难局破解[J]. 生
  态经济,31(3):161-165.

岳奇,徐伟,李亚宁,等,2019. 国土空间视角下的海洋功能区划融入"多规合一"[J]. 海
  洋开发与管理,36(06):3-6.

曾容,刘捷,许艳,等,2021. 海洋生态保护红线存在问题及评估调整建议[J]. 海洋环境
  科学,40(4):576-581.

战强,赵要伟,刘学,等,2020. 空间治理视角下国土空间规划编制的认识与思考[J]. 规
  划师,36(S2):5-10.

张海文,2006. 联合国海洋法公约释义集[M]. 北京:海洋出版社.

张俏,2016. 习近平海洋思想研究[D]. 大连海事大学博士学位论文.

张晓浩,林静柔,黄华梅,2022. 新时期市级海洋国土空间规划监测评估预警方法研究[J]. 规划师,38(5):62-67.

张晓浩,吴玲玲,黄华梅,2021. 广东省海岸线整治修复的成效、问题与对策[J]. 海洋湖沼通报,43(4):140-146.

周晶,张一帆,曲林静,等,2020. 海岸线占补平衡制度初探[J]. 海洋环境科学,39(2):230-235.

周姝天,翟国方,施益军,2017. 英国空间规划经验及其对我国的启示[J]. 国际城市规划,032(4):82-89.

朱坚真,2017. 海洋管理学[M]. 北京:高等教育出版社.

庄少勤,2019. 新时代的空间规划逻辑[J]. 中国土地(1):4-8.

自然资源部海洋发展战略研究所课题组,2021. 中国海洋发展报告:2021[M]. 北京:海洋出版社,2021.

自然资源部海洋发展战略研究所课题组,2022. 中国海洋发展报告:2022[M]. 北京:海洋出版社,2022.

ASCHENBRENNER M, WINDER G M, 2019. Planning for a sustainable marine future? Marine spatial planning in the German exclusive economic zone of the North Sea, Applied Geography, 7.

DAY J C, et al., 2019. Marine zoning revisited: How decades of zoning the Great Barrier Reef has evolved as an effective spatial planning approach for marine ecosystem-based management' (2019) 29, Aquatic Conserv: Mar Freshw Ecosyst:9-32.

JAY S, et al., 2012. Early European Experience in Marine Spatial Planning: Planning the German Exclusive Economic Zone, European Planning Studies, 2027.

KANNEN A, 2014. Challenges for marine spatial planning in the context of multiple sea uses, policy arenas and actors based on experiences from the German North Sea, Reg Environ Change:2139-2150.

KENCHINGTONJ R A, DAY C, 2011. Zoning, a fundamental cornerstone of effective Marine Spatial Planning: lessons learnt from the Great Barrier Reef, Australia, Journal of Coastal

Conservation, 271-278.

KIDD S, PLATER A, FRID C, 2011. The Ecosystem Approach to Marine Planning and Management.

RUCKELSHAUS M, et al. ,"Marine Ecosystem-based Management in Practice: Scientific and Governance Challenges"(2008) 58, BioScience:53-63.

SMITH D C, et al. , 2017. Implementing marine ecosystem-based management: lessons from Australia, ICES Journal of Marine Science:1990-2003.

YOST W, 2011. Examination of the Federal Consistency Provision of the Coastal Zone Management Act in Rhode Island, Chemistry - A European Journal:11898-11903.

后记

呈现在读者面前的拙作，是近年来编写组承担的多个自然资源部国土空间规划局、自然资源部海洋发展战略研究所、广东省自然资源厅委托项目的最新研究成果和已公开发表论文的集成，汇聚了团队多年来从事国内外海洋空间治理研究、广东省各级涉海空间规划编制以及协助用海管理部门进行技术支撑的理论思考与总结。本书编写期间，正值广东省省级、市级海岸带专项规划编制工作如火如荼开展之际，规划编制工作中的继承、发展、创新、经验和总结为本书编撰提供了研究的基础与源泉。

本书共分七章，按照贡献程度，第一章由张一帆、郭雨晨、辛菲、曲林静、曹深西完成；第二章由孙华烨、郭雨晨、张昊丹、何佳惠完成；第三章由郭雨晨、张一帆、辛菲、何佳惠完成；第四章由何佳惠、郭雨晨、张昊丹、孙华烨完成；第五章由张昊丹、郭雨晨、孙华烨完成；第六章由郭雨晨、练梓菁完成；第七章由郭雨晨、张一帆、曹深西、曲林静完成。

在本书的编写和出版过程中，得到了广东省海洋发展规划研究中心的资助以及中心各级领导的大力支持和帮助，更有幸得到了自然资源部海洋发展战略研究所张海文研究员、天津师范大学刘百桥教授、厦门大学方秦华教授、国家海洋信息中心王江涛研究员、自然资源部第一海洋研究所张志卫正高级工程师、国家海洋技术中心岳奇研究员、中国海洋大学余静副教授等专家的悉心指导，并且得到海洋出版社刘玥编辑精心组稿编辑，在此一并表示衷心的敬意！

由于认知水平、研究能力、资料收集有限，本书难免存在不足和疏漏之处，书中的观点及立场仅代表编写者个人认知与立场，诚望读者批评指正、不吝赐教。

编著者

于广州市南华东路 547 号

2024 年 10 月 7 日